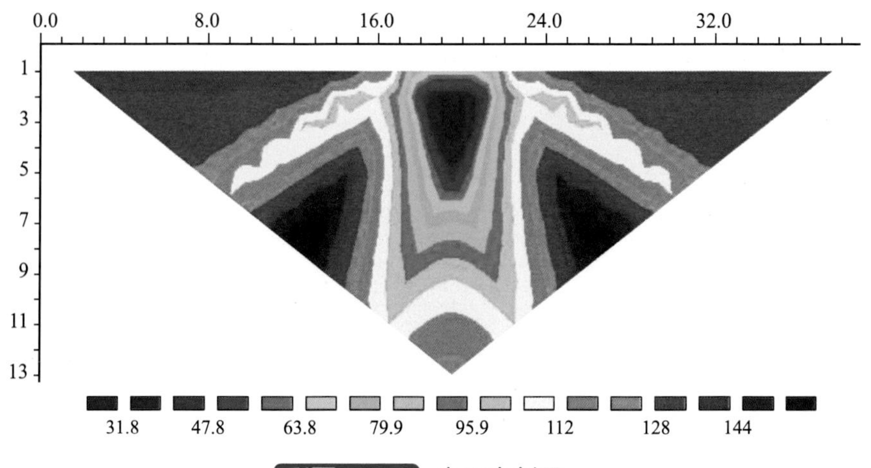

彩图 5.2.3 电阻率剖面

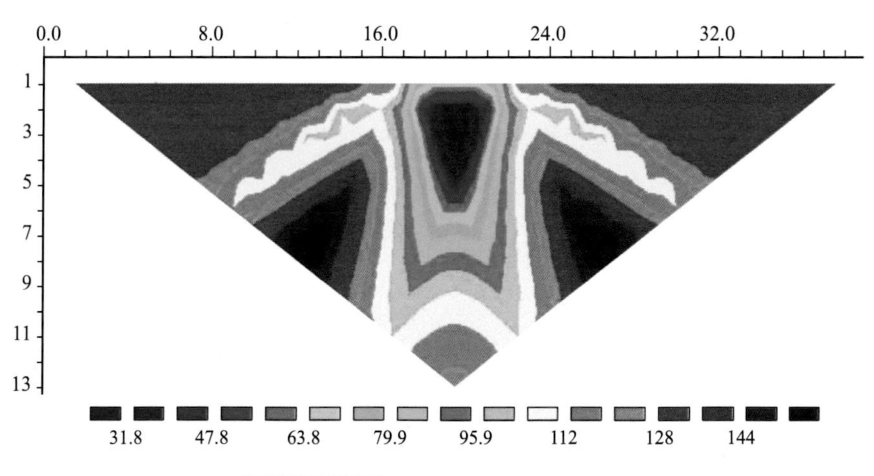

彩图 6.1.2 某一位置隐患样本

彩图 6.1.6 图像色彩空间转换处理

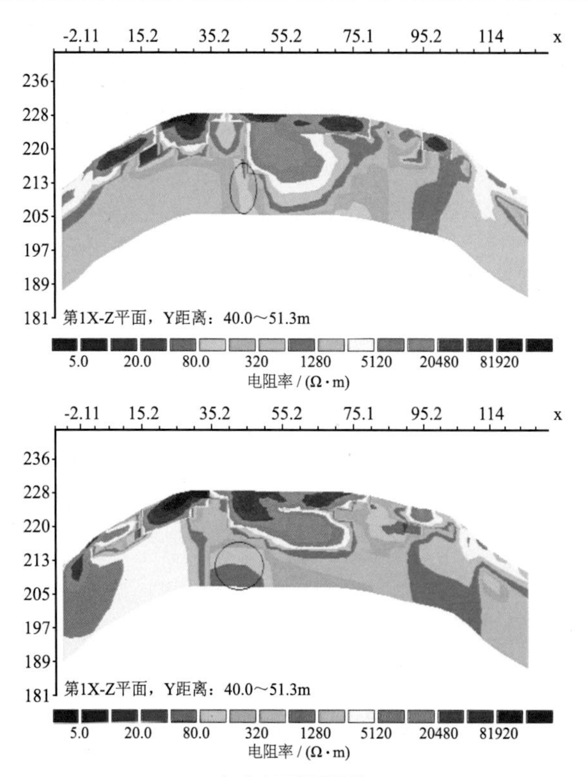

（a）205断面切片

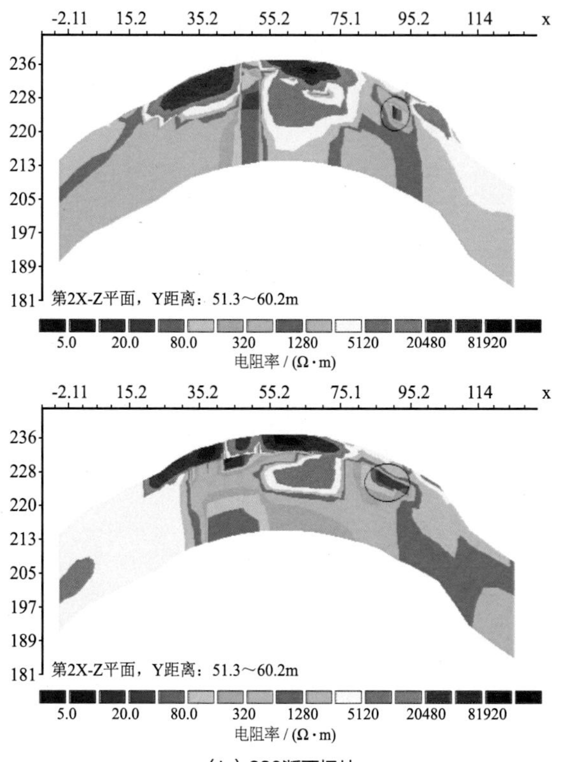

（b）220断面切片

彩图 6.2.5

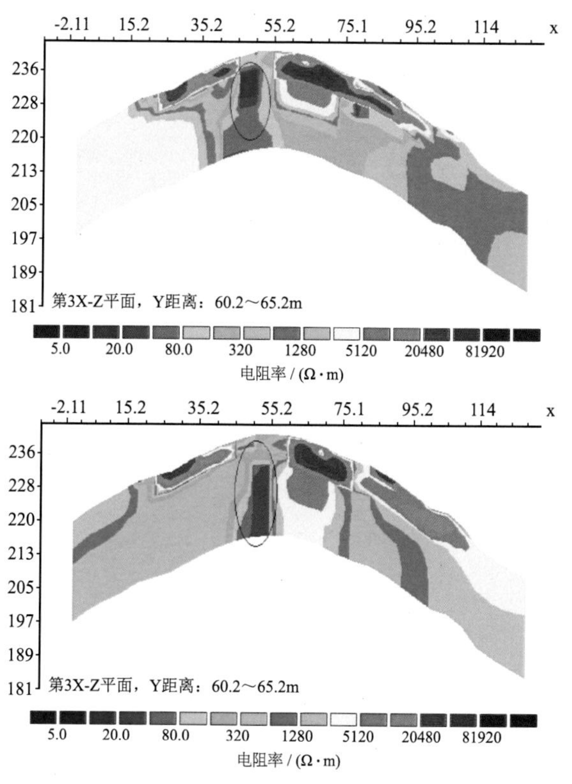

（c）228断面切片

彩图 6.2.5 典型断面切片

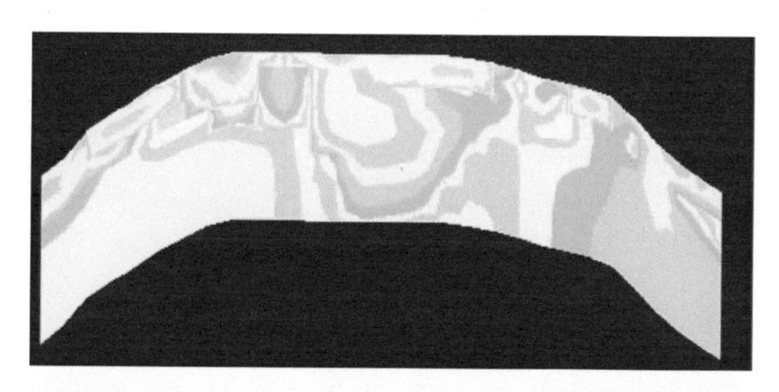

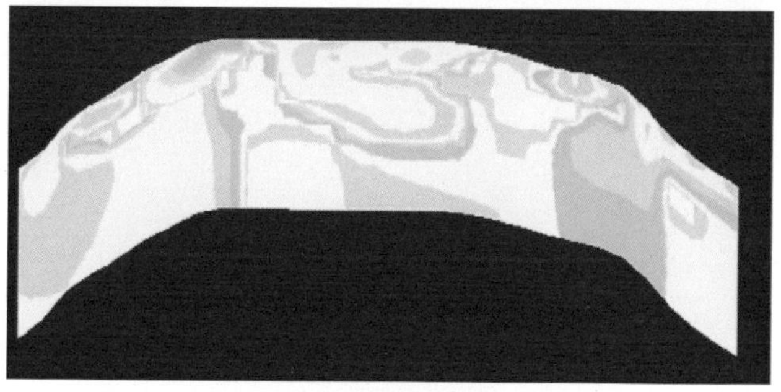

（a）205空间色彩转换

彩图 6.2.9

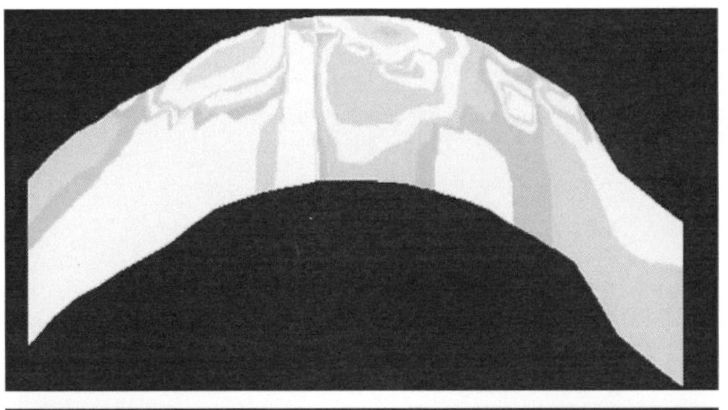

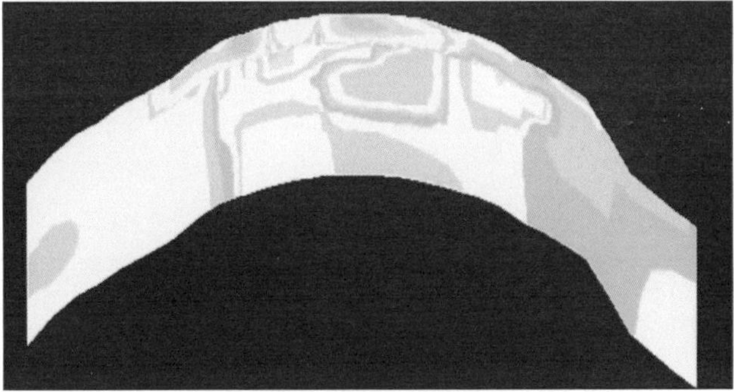

（b）220空间色彩转换

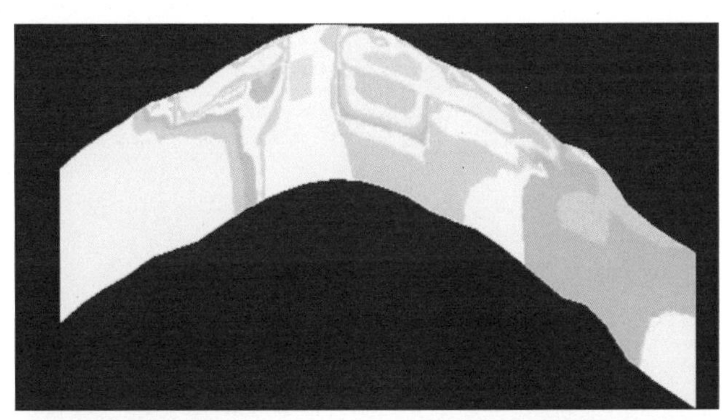

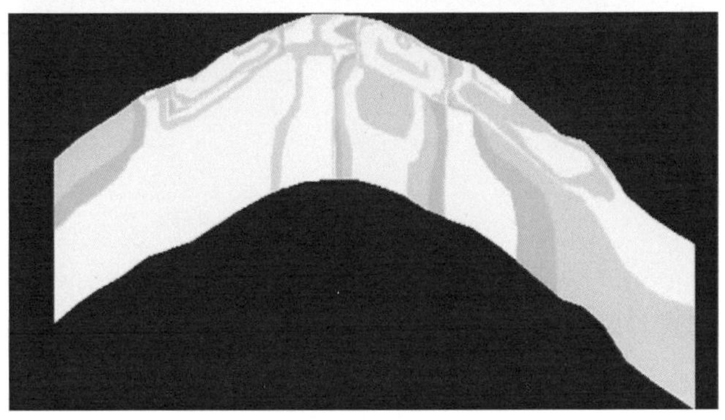

（c）228空间色彩转换

彩图 6.2.9 空间色彩转换

土石堤坝渗漏诊断

——基于电阻率图像对比识别技术

王日升　李居铜　赵之仲　申　威　著

化学工业出版社

·北京·

本书首先研究了土石堤坝隐患三维电场分布规律及渗流场演变过程的三维电场变化规律，然后从土石堤坝检测电阻率图像入手，通过卷积神经网络学习，将土石堤坝渗漏监测的海量图片进行隐患自动筛选，采取电阻率图像对比技术，获取了对比电阻率图像中隐患体色素阈值的变化率，结合土石堤坝饱和渗透破坏的电阻率变化率，给出了基于土石堤坝三维电场分布的渗漏诊断方法。附录给出了诊断过程实施的核心代码。

本书可作为水利工程专业高年级本科生和研究生的学习参考书，也可供相关领域技术人员和科研工作者阅读参考。

图书在版编目（CIP）数据

土石堤坝渗漏诊断：基于电阻率图像对比识别技术/王日升等著. —北京：化学工业出版社，2020.6

ISBN 978-7-122-36602-3

Ⅰ.①土…　Ⅱ.①王…　Ⅲ.①土石坝-渗透性-诊断
Ⅳ.①TV641

中国版本图书馆 CIP 数据核字（2020）第 054362 号

责任编辑：刘丽菲
责任校对：宋　玮　　装帧设计：关　飞

出版发行：化学工业出版社（北京市东城区青年湖南街 13 号　邮政编码 100011）
印　　装：北京虎彩文化传播有限公司
710mm×1000mm　1/16　印张 11　彩插 2　字数 205 千字　2020 年 6 月北京第 1 版第 1 次印刷

购书咨询：010-64518888　　售后服务：010-64518899
网　　址：http://www.cip.com.cn
凡购买本书，如有缺损质量问题，本社销售中心负责调换。

定　　价：68.00 元

前 言

我国土石堤坝多建于20世纪四五十年代，建设等级低，质量差，目前大多数在带“病”运行，存在极大的安全隐患，极易产生由渗漏引起的溃坝，可能给人民生命财产带来不可估量的损失。为系统解决目前基于电阻率成像的土石堤坝渗漏诊断中存在的问题，提供更好、更全面的诊断方法和依据，本书对土石堤坝三维电场分布规律，尤其是含隐患非均质土石堤坝的三维电场分布规律展开研究，重点研究土石堤坝渗流场演变过程中三维电场的变化规律，提出土石堤坝渗漏识别的诊断方法，研究结果可为土石堤坝的隐患探测提供评价参考指标和科学决策依据。

本书共分为6章。第1章从土石堤坝渗漏入手，梳理和分析了国内外的研究成果；第2章对土石坝不同渗漏隐患进行概化，建立了土石堤坝三维电场分析的数学模型；第3章采用有限元计算程序，对不同隐患体三维电场分布进行数值模拟，得到了均质土石堤坝和含隐患非均质土石堤坝三维电场分布的响应特征；第4章以孔隙率为基础，建立了渗流场与电场的关联模型，基于模型确定了土石堤坝渗透破坏时电阻率与临界水力比降之间的关系，研究了土石堤坝坝体渗透过程中三维电场随渗流场的变化特性和变化规律，获得了渗流场中不同隐患体的电场响应特征；第5章通过神经网络学习对监测得到的海量图片进行隐患筛选，采用Canny边缘检测、霍夫直线检测、图像色彩空间转换、色彩空间分离等图像对比算法，实现了土石堤坝不同时刻电阻率的图像对比，得到了电阻率图像色素阈值的变化率，给出了土石堤坝渗漏破坏的图像识别方法；第6章提出了基于土石堤坝三维电场分布的渗漏诊断技术。为更好地验证前述工作的可行性、可靠性及准确性，将研究成果进行了实际工程应用。同时，书中也提出了一些值得继续研究和探讨的问题。

本书内容以王日升的博士论文《土石堤坝三维电场分布规律及渗漏诊断方法》为主要框架，同时结合了山东交通学院博士基金项目（编号：BS201902015）《基于图像对比技术土石堤坝渗漏诊断研究》、（编号：J20170002）《高密度电法对高边坡稳定性实时监控和自动预警技术研究》的部分科研成果。基于电阻率图像对比的技术在泰东高速建设项目中用于监测施工现场的边坡滑塌探查，取得了良好的应用效果。

本书由山东交通学院王日升策划和定稿，由山东交通学院李居铜、赵之仲和泰安市公路事业发展中心申威参与编写。

本书编写过程中得到了研究生申靖琳、陈飞鹏、陈雯雯、许茂林、李梦晨、何益龙、赵硕、陈旭在资料整理、版式调整和文字校核等方面的帮助，在此一并致谢！

由于作者水平所限，书中难免会出现不足之处，恳请使用本书的广大师生和同行专家批评指正。

著者

2020 年 3 月

目录

第1章

绪　论

1.1 国内土石堤坝现状

土石堤坝具有坝体材料来源丰富，材料密度大、抗剪强度高、施工成本低等一系列优点，因此，在过去很长一段时间内它作为主要挡水建筑物型式被国内外广泛采用。据全国水利发展统计公报统计显示，截至 2017 年底，我国共建成各类水库 98795 座，其中大型水库 732 座，中型水库 3934 座，5 级及以上江河堤防 30.6 万公里[1]。这些堤坝在水利灌溉、保滩护岸、保护人民生命财产中起到至关重要的作用。然而，这些堤坝多建于 20 世纪四五十年代，建设等级低、质量差，虽然目前很多堤坝仍在使用，但多数已是带“病”运行，存在极大的安全隐患，遇上极端天气更易产生由渗漏引起的溃坝，给人民生命及财产带来不可估量的损失。据不完全统计，我国目前堤坝溃决中 30%是由渗漏导致的。国家减灾网统计信息表明，仅 2017 年一年我国因溃坝引起的洪涝和地质灾害造成 6951.2 万人受灾，其中 674 人死亡，75 人失踪，397.5 万人次紧急转移安置，洪灾累计破坏房屋达 114.3 万间，直接经济损失 1909.9 亿元。

近些年，国家水利部、交通运输部及许多地方政府已经意识到此类问题的严重性，相关水利部门下大力气投巨资进行病险堤坝隐患治理，仅 2017 年全年治理工程 5646 处，累计投资 4070.7 亿元[1]。以此为契机，国内水利科研工作者应用多种方法开展堤坝渗漏诊断研究，目前应用的有示踪法、地震波法、电磁法和高密度电阻率法，其中高密度电阻率法由于对洞穴、渗漏通道等隐患水体更具敏感性而备受青睐。然而，基于高密度电阻率法的堤坝渗漏诊断技术虽然得到初步应用，但诊断过程仍存在隐患体电场分布规律不明确、电场响应特征不清楚、不同物质成像结果差异性大、成像结果解释主观性强、标准不统一等一系列问题，尤其对于土石复合介质而言，受土石含量、孔隙率、含水率、颗粒粒径等影响因素的作用，不同隐患体电场分布的差异很大，因此，开展针对土石复合介质坝体的三维电场分布规律研究，对土石堤坝渗漏诊断而言十分必要。此外，通过图像对比识别技术研究，可克服对电阻率图像解释的主观性和随意性，渗流场演变过程中，不同渗漏时刻电阻率图像会呈现不同色素阈值，通过图像对比识别技术可探究土石堤坝渗透破坏过程和破坏状态。

1.2 电阻率成像技术

电阻率成像技术，是通过人工施加电场后探测空间内物性间的电阻率差异，并基于采集电阻率数据而生成物性差异图像的技术。Shima 和 Sakayama 首次提出“电阻率层析成像”（Resistivity Tomography）概念，将原有的地电场采集数据进行了可视化处理。因此电阻率成像过程涉及采集电场分布数据的解算，数据解算质量的高低、解算效率直接决定电阻率成像质量。为此，国内外许多科研工作者对电阻率正演求解过程采取了针对性研究，研究方法包括解析求解、物理模拟和数值模拟，由于前两种局限性较强，因此数值模拟几乎成为现阶段电阻率正演求解的唯一方式。目前电阻率成像数值模拟通用的求解方法有积分法、有限差分法和有限单元法。

有限单元法由于其适用性强、易于理解等优点为许多科研工作者所青睐。该方法最初由 Coggon[2] 最先引入电法勘探领域，并给出了二维电阻率有限单元法的计算过程，但其计算精度过低，未达到实用性要求。20 世纪七八十年代，随着物探理论的发展及计算机性能的提升，国外专家学者 Rijo[3]、Kaikkonen[4] 等从有限元剖分方式、有限元模拟边界条件等多方面对有限元的电阻率勘探应用做出贡献；Pridmore[5] 在首次对有限单元法三维地电断面进行了详细讨论，开创了一个新的领域；Shima[6]、Dey[7,8]、Zhao[9]、Mufti[10] 等人分别在有限单元、有限差分领域对电阻率层析成像开展研究，取得了系列成果，为后续研究奠定了基础。

朱伯芳[11] 将有限单元法引入我国，开启了我国有限单元研究领域的新纪元；20 世纪 80 年代初我国数学家李大潜[12] 将有限单元法引入电法测井中，为有限单元法的电法应用奠定了坚实基础。在此基础上，我国著名地球物理学家罗延钟[13]、周熙襄[14] 以及徐世浙[15,16] 等人先后对有限单元法电法应用开展了系统且深入的研究，发表了一系列有关有限单元法的应用论文及专著，直接推动了我们国家有限元在电法、电磁法领域应用的巨大进步。进入 21 世纪，我国许多科研工作者在前人研究的基础上努力推动有限元在电法应用领域的发展，阮百尧[17,18]、黄俊革[19~23] 等人在此方面发表了多篇高水平论文，其中后者更是将电法勘探引入了水下模拟领域，使应用范围进一步扩大，为我国电阻率层析成像勘探技术的应用奠定了坚实的基础。

随着电法勘探领域的逐步扩大，有限元正演计算过程中生成的大型稀疏矩阵计算量惊人，虽然计算机硬件不断更新换代，但电阻率成像效率、精度并没有多大改观，尤其在检测领域，成像时间长短及成像精度是两项最重要的考量指标。基于此，为进一步满足工程应用的需要，国内外学者陆续开展了许多针对性的解算研究。Holcombe[24]、Oppliger[25] 等学者针对复杂地形进行模拟，提出了相应的简化边界条件，提高运算效率；Spitzer[26] 提出了共轭梯度的有限差分格式，进一步提升运算效率；吴小平[27]、Li[28]、刘斌[29] 等人利用引入预调件共轭梯度（SSOR-PCG）迭代算法求解电阻率三维有限元计算形成的大型线性方程组，同时采取措施进行系数矩阵的优化存储，使正演计算效率值大大提高而计算机内存消耗大大降低，提高了电阻率层析成像效率，一系列措施的实施开创了电阻率成像勘探的新纪元。在电阻率反演方面，Pelton[30] 等人首次对二维的电阻率数据和极化效应数据进行了反演；Petrick[31] 等人初步使用阿尔法中心法对电阻率层析反演技术进行理论推导，但并未进行实际工程应用；Park[32] 等人利用有限差分法首次开展了三维电阻率反演方法的研究，开创了反演领域的新纪元。

近几年，随着电阻率成像理论的逐步完善，其应用研究在国内外达到了空前繁荣。Dominika Stan[33,34] 等人分别在捷克共和国东部苏台德赫鲁布杰塞尼克山脉的奥利克地块隆起的东斜坡和高杰森尼克山脉的褶皱区域中，对浅层地质结构进行了无创和相对快速的电阻率层析成像（ERT）研究，证实了 ERT 在识别具有断裂和褶皱特征的高变岩性岩石地质构造中的有效性；Marek[35] 等人在斯皮茨伯根西南部 Hornsund 海岸带多年冻土地带进行了电阻率层析成像检测，图像清晰显示出堤防保护下和暴露于风暴潮岬地的冻土完全不一样，检测结果表明，海水对多年冻土影响的范围具有很大的差异性；Sebastian[36] 等人利用电阻率层析成像（ERT）技术研究了黏土层厚度的空间变异性，在柬埔寨的坎大尔省进行水源找寻，结果显示，电阻率层析成像在水源探测方面具有很强的适用性；Franeo[37] 等人在意大利通过电阻率成像技术监测海水入侵，取得了良好的监测效果，证明电阻率成像技术应用领域非常宽广。

国内方面，近些年由于基础设施建设的大量开展及老旧设施的无损检测，电阻率成像技术也得到了广泛应用。余金煌[38] 等人以抛石体与围岩的电阻率差异为前提建立水下抛石工程的数学模型，利用有限单元法实现了模型的高密度电阻率法在不同装置下的正演计算，对比分析了各种装置的反演结果，开创了水下堤坝电法勘察工程应用先河；徐顺强[39] 等人采用高密度电阻率层析成像方法对填海地基的隐患进行了详细探测，并将探测结果与现场的地质钻孔结果进行对比，结果表明高密度电阻率层析成像方法正模拟结果与实际测量结果吻合较好；刘斌[40] 等人将电阻率层析成像法尝试引入到隧道突水的监测工作中，提出了一种基于图像灰度相关性理论的电阻率层析成像监测信息定量评价方法，并将评价方法用于实际工程中，较准确地捕捉到了突水前兆信息，研究表明，电阻率层析成像法用于突水实时监测是可行的；屠毓敏[41] 等人利用电阻率层析成像技术对龙凤山水库土石坝进行无损检测，查明了龙凤山水库土石坝的渗漏通道，证实了利用该方法进行土石坝无损检测的可行性；张刚[42] 在其博士论文中系统地阐述了电阻率层析成像的原理及各种用途，并通过对台湾地区介寿国中山体滑坡区雨水入渗过程中电阻率实时监测，确定了雨水渗透通道及滑坡体运动过程中滑移面的具体位置，同时对内蒙古多金属矿区井地电阻率数据进行了反演解释，体现了电阻率成像法的多用途性；王朋[43] 对土石坝渗漏的数值模拟进行了研究，利用编制的二维正反演程序对土石坝渗漏模型进行了试算和反演收敛性分析，并将研究成果应用于璧山县大林水库上游坝体渗漏检测，误差分析结果表明，基于二维电阻率成像的土石坝渗漏检测技术是可行的；宋先海[44]、王兵[45]、Lin[46] 等人先后将电阻率成像技术用于病险水库堤坝渗漏检测，初步查明了各隐患区域位置，但并未详细对比说明检测效果的可靠性，理论层面缺失；蔡克俭[47,48] 等人先后开展电阻率成像技术在深基坑渗漏检测中的应用研究，研究结果表明，基于电阻率成像技术探测基坑周围土体在降水前后的电阻率变化预测基坑渗漏的方式可行，通过电阻率成像技术可顺利探测到基坑周围及地下连续墙的渗漏情况，但上述文献均只对渗漏状况进行了定性判断，并未获取降雨过后基坑内的渗漏量；周月玲[49] 等人采用电阻率成像和浅层地震联合勘探的手段应用于完全断裂勘测中，实际操作中通过联合探测手段获得了隐伏段落的异常区，并通过对应的地质地貌调查，给出了异常区合理的位置、产状解释，证明了电阻率成像技术的广泛适用性。

1.3 土石堤坝坝体材料电阻率特性

土石堤坝三维电场分布规律是由坝体材料电阻率决定的，不同坝体材料在不同条件下会呈现不同的电场响应特征。电阻率作为介质的固有属性，在其检测过程中往往受到介质孔隙率、含水率、组分等多种因素影响而具有不同的响应特征。因此，掌握坝体材料电阻率变化规律是研究土石堤坝三维电场分布的不可或缺因素。

Archie[50] 提出了适用于饱和无黏性土、纯净砂岩的电阻率结构模型，开创了电阻率测试的先河；Waxman[51] 在 Archie 研究的基础上建立了由土颗粒与孔隙水两相体并联导电模型，进一步完善了电阻率导电结构模型；Mitchell[52] 首次建立固液气三相导电的电阻率模型，使导电模型更趋完善；Liu[53,54] 通过试验确定了水泥土电阻率与龄期、无侧限抗压强度和水泥掺入比之间的关系，打破了只针对纯土电阻率研究的界限，证明电阻率测试方法在复合介质研究中的可行性；Yoon[55] 针对污染土开展了电阻率特性研究，并通过研究获得了污染土的电阻率特性，为污染物随地下水渗流检测提供了依据；杨为民[56] 等人采用水泥砂浆制了 30 组孔隙率不同的类岩石材料试样，测试了各组试样在饱水过程中的波速和电阻率变化情况，分别揭示波速和电阻率随饱和度、孔隙率的变化规律，并通过非饱和岩石模型对试验数据进行拟合，拟合结果表明波电联合诊断非饱和岩石渗漏方式可行；周启友[57] 等人在砂岩岩样上进行了饱水与排水试验研究，试验过程中对岩样不同方向进行了高密度电阻率成像，获得了饱水与排水过程中岩石电阻率在不同方向上的响应特性，验证了岩石在饱水和排水过程中电阻率变化空间分布模式的各向异性特征；孙树林[58]等人对掺石灰的黏土进行了电阻率试验研究，通过制备素土及其与不同石灰掺量的试件在不同含水率条件下电阻率变化，揭示了不同灰土比、含水率、饱和度、土的结构和土粒粒径等对灰土样电阻率的影响，结果表明饱和度、干密度与电阻率呈负指数变化规律，孔隙率、孔隙比与电阻率呈指数变化规律，含水率对于电阻率的影响较为敏感；付伟[59,60]等人采用北麓河粉质黏土在室内进行了不同温度的冻土单轴压缩试验，全过程监测土样电阻率的变化，得到了冻土的应力-应变-电阻率全过程曲线，探讨了饱和粉质黏土在冻融过程中电阻率及变形特性；查甫生[61~65]、刘松玉[66,67]等人对不同类型土的电阻率特性进行了系列研究，明确了不同类型土在不同条件下的电阻率特性，推导了适用于非饱和黏性土的电阻率结构模型，探讨了不同类型土的电阻率的主要影响因素；储旭[68]等人采用 Miller Soil Box 方法分别测定同一压力状态、同一温度下 3 种不同土样的电阻率，分析了含水率和电势梯度对土体电阻率的影响，拟合出了土体电阻率的计算公式；汪魁[69~71]等人对土石复合介质电阻率影响因素进行了系统研究，研究发现土石比、含水量、孔隙结构、饱和度、颗粒粒径及含量等均对土石复合介质电阻率产生影响，且各影响因素之间存在不确定关联性，导致多相土石复合介质的导电性复杂多变，因此研究并未给出各因素的具体影响指数；刘洋[72]在其博士论文中对土石复合介质导电模型进行了详细推导，并将结果用于土石复合介质压实度检测中，取得很好的应用效果；赵明阶[73]、李赓[74]等人以试验方式对土石复合介质电阻率特性开展研究，在分析土石复合介质土石比、压实特性、含水量等参数对电阻率影响的基础上给出了与 Keller 方程具有相同形式的电阻率方程，但并未对该方程的适用条件加以说明，也未对其适用性进行验证；王日升[75,76]等人通过在不同水环境作用下，对土石复合介质自吸水和推剪破坏电阻率变化特性进行模型试验研究，获得了土石复合介质自吸水饱和过程中电阻率变化规律，同时得到了推剪模型在不同土石比不同水环境等条件下的破裂面、抗剪强度指标及电阻率随力和位移的变形曲线，且将各指标进行了关联，但试验过程未考虑环境、温度及振动扰动等电阻率影响因素。

1.4 土石堤坝渗流和渗漏诊断方法

渗流是堤坝运行过程中主要的安全影响因素，受其作用下的堤坝破坏形式各样，因此，为准确获得坝体及边坡内部渗流场分布特征，方便有的放矢地处理坝体渗透破坏，国内外许多学者开展了针对性的研究。柴军瑞[77]等从均质土坝的渗透特性出发，通过分析均质土坝渗流场与应力场相互作用的力学机制，针对性地提出了均质土坝渗流场与应力场耦合分析的连续介质数学模型，并通过数值模拟的方式给出了该模型的有限元数值解法，为理论模拟均质坝渗流场提供了研究思路；王开拓[78]等人基于饱和-非饱和非稳定渗流理论及极限平衡法，研究了均质土石坝瞬态流场特性及其对坝坡稳定性的影响，探讨了不同速率库水位降落作用下的坝体内部渗流场及坝坡稳定性变化规律，但研究结果并未准确给出均质土石坝边坡稳定性评价指标；Aniskin[79]等人在考虑渗流各项异性的基础上对土石堤坝稳定性进行了分析，研究过程虽考虑了渗流的各项异性，但并未真正给出坝体内的渗流规律；Panthulu[80]等人通过利用电阻系数法和自然电位法分别对土石堤坝的渗流区域、渗径进行研究，获得了渗流场的分布特征，研究过程并未建立电场与渗流场的关系，因此结果具有一定局限性；张乾飞[81]、卜亚辉[82]、张阳茁[83]分别在其学位论文中对渗流场进行了耦合研究，通过深入研究分别获得了渗流场在复杂条件下的演变规律、渗流场与电场的耦合效应及渗流场与应力场耦合作用下的土石坝边坡分析，均对实际工程应用具有一定指导作用。

在研究方法方面，Desai[84]、Hong[85]、Zheng[86]、梁业国[87]等人分别采用不同的方法对自由面的渗流问题进行计算分析，对自由面渗流计算中存在的问题给予针对性解决，各方法均不同程度存在局限性；朱军[88]等人针对现有单元渗透矩阵调整法解决无压渗流问题的不足，提出了新的渗透矩阵改进算法，同时对溢出面的处理提出了新的见解，新算法避免了单元被自由面切割部分的体积求解，并用实例验证了新方法的有效性；陈益峰[89]等人通过对 Signorini 型变分进行改进，建立了自适应罚 Heaviside 函数，改善了 Signorini 型变分不等式方法的数值稳定性，通过实例论证了 Signorini 型变分不等式方法在复杂强非线性三维渗流问题中的适用性；侯晓萍[90]等人采用空气单元法求解渗流场的逸出边界问题，该方法避免了传统计算方法中由于逸出点定位不准确而可能引起的渗流计算不合理或收敛困难等缺陷，但其计算精度与空气单元的相对渗透系数 R 密切相关，R 的选取需具有一定经验；庞林[91]在其博士学位论文中通过引入比例边界多边形方法对坝体进行结构的静动力分析、渗流分析、温度应力分析和裂缝扩展过程的模拟，通过实例验证了基于比例边界多边形方法建立的模型可实现对复杂工程的模拟，该方法的引入对坝体渗流分析的全面性做了有效补充；柴军瑞[92,93]、王成华[94]等人以非达西渗流为研究对象，分别对坝基、地下水及堤坝的渗流场进行研究，结果表明了非达西渗流的不可替代性。

在有限元软件模拟方面，由于渗流场计算复杂，理论计算往往无法实现，因此许多时候需借助大型的商业软件模拟计算渗流场分布，常用的软件包括 ANSYS、ABAQUS、COMSOL 等。

许玉景[95] 等人采用ANSYS软件中的温度场分析功能分析了坝体渗流场，通过迭代算法计算自由水面位置，解决了土坝渗流稳定问题的求解；Rupp L[96] 等人针对堤坝非稳定渗流数值模拟中迭代计算效率不高的问题，通过ANSYS对施瓦扎大坝进行了数值模拟，验证了ANSYS在重力坝的渗流模拟方面的有效性；李丹[97]、李聪磊[98] 等人分别利用ANSYS参数化编程语言对海堤渗流场-应力场进行了耦合模拟分析，得到海堤渗流场的同时获得了各影响参数对海堤两场耦合效果的影响，研究结果对多场作用下的堤坝渗流具有一定借鉴意义。

方仲将[99] 在其学位论文中通过ABAQUS计算模拟了三轴渗流压缩的过程，证明该软件在模拟渗流场与应力场耦合方面的可行性，但其并未对比说明计算结果的精度及可靠性；Wang[100] 等人通过ABAQUS软件采用强度折减法分析不同组合情况下某边坡的稳定性，通过对比结果定性地判断了渗流对边坡稳定性的影响；Tan[101] 等人分析了黏性沉积物的理化特性和固结机理，建立了固结初期密度的动态模型和状态公式，然后利用黏性和非黏性泥沙样品进行水槽试验，将计算值与实测泥沙压力进行比较，验证推导出的公式。

COMSOL作为多场耦合软件在其他领域已经得到广泛应用，但在坝体渗流场中的耦合使用并不多，王瑞[102] 等人首次基于COMSOL Multiphysics平台提供的M语言进行二次计算程序开发，建立了拱坝渗流场与应力场耦合的三维有限元模型，模拟分析了正常运行期考虑与不考虑耦合情况下坝体和坝基的渗流场与应力场，获得了渗流分布规律，虽然模拟过程不尽全面，但对坝体渗流场研究具有重要意义；徐轶[103] 等人对COMSOL Multiphysics软件进一步开发应用，基于软件内置的Darcy、Richards等基本微分方程对重力坝进行了渗流数值模拟，并对模拟结果进行了理论对比分析，结果表明COMSOL模拟结果真实可靠；叶永[104] 等人在徐轶的研究基础上考虑了渗流场-应力场耦合与不耦合的对比分析，模拟更加全面，结果更贴合实际，研究成果对重力坝设计具有一定的参考价值；Jiao[105]、Seo HY[106]、Sprocati R[107]、Hadavinia H[108] 等人分别将COMSOL模拟应用于不同领域，均取得了不俗的成绩，证明了COMSOL在多场耦合模拟中的普适性。

堤坝渗漏诊断研究方面，自20世纪70年代，我国的水利科技工作者陆续将国外先进的渗漏探测技术引入国内并开展应用，至今已发展成多学科交叉、联合性诊断的综合判别技术，探测位置、大小等信息越来越准确，深度、范围越来越广。赵明阶[109] 等人在依据介质电阻率参数对水较为敏感这一特性，将电阻率层析成像技术应用于大林病险水库土石坝渗漏的诊断测试中，查明了扩建坝体黏土斜墙331.150m高程以上部分坝体及左岸岩体中存在的渗漏通道，同时原均质土坝在高程329.10m以上的近右坝肩存在渗漏隐患，研究结果贯穿理论及应用；Wang[110] 等人利用有限元数值模拟方法计算了不同缺陷土石坝的三维波场，获得了三维波场的特征和规律。分析结果表明，土石堤坝缺陷的大小和位置与实际采集的波场信息密切相关，且缺陷的弹性模量和密度对波场都具有影响，而缺陷的泊松比对波场影响很小。缺陷材料的波速与坝体材料之间的差异越大，散射波的能量就越强，这反过来将在时间历史剖面上产生更清晰的散射波阵容。赵明阶[111～113] 等人先是开展基于温度场和电阻率成像的土石坝渗漏诊断试验研究，通过分别测定不同隐患类型土石坝的温度场及电阻率成像，将其成像结果与模型设置的实际渗漏通道比对，结果显示基于温度场与电场耦合可为土石坝渗漏隐患探测提供借鉴依据。后开展波速-电阻率联合成像诊断试验研究，试验结果显示，结合波-电场优点提出的联合成像理论进行土石坝渗漏诊断，隐患位置更加准确，诊断效果更好；Wang[114] 通过电阻率层析成像定量诊断土石堤坝渗漏进行了初步应用。其通过电阻率层析成像技术反演了与渗漏有关的物理参数，从而实现了对土石坝的渗漏情况的诊断。研究结果表明，电阻率层析成像分布基本上能反映出土石坝渗漏通道的位置和渗漏范围，并进一步利用电阻率参数反演岩石的物理力学参数，从而实现了对岩体的质量进行更具体的定量评价。

近些年，随着科技的不断发展，多种新兴坝体渗漏检测手段得到应用尝试。Su H[115] 通过渗流行为识别的理论分析和物理试验，实现了基于分布式光纤温度传感器（DTS）的堤坝渗漏检测，明确了堤坝内部的渗流速度和潜水线，但工程应用不明确；Li D Y[116] 等人利用温度技术监测渗流，探讨了土坝的热力学特征及土坝中热场与渗流场的关系等关键问题，提供了土石坝渗漏检测的新思路；Yousefi[117] 等人探究了利用热模拟技术检测土石坝渗漏隐患的可行性，并利用堤坝模型对其进行了验证，研究结果表明，利用热技术异常来探测土石坝集中渗漏隐患具有可行性，但其并未给出该方式检测土石坝渗漏的适用范围及操作要求；Xiao H[118] 等人基于布里渊和拉曼散射的光纤分布式温度传感器应用于堤坝渗漏检测，研究结果发现，在大多数情况下，利用热源，分布式传感器可有效地进行堤坝渗漏检测，但不同土壤的温度变化不同，水分含量和热功率对温度变化有显著影响，而渗透率对温度变化影响不大。

1.5 土石堤坝电场分布规律

现阶段，针对土石堤坝电场分布规律研究的文献不多，尤其是三维电场分布更是少见。王朋[43] 运用二维电阻率层析成像技术对土石坝渗漏诊断进行了初步的应用研究，研究中涉及了土石坝二维电场分布应用，但文献中并未总结土石坝二维电场的分布规律；赵明阶[113] 等人依托土石坝渗漏的波-电耦合成像诊断技术研究项目，基于已有土、石电阻率理论模型，建立了土石复合介质的电阻率模型，推导出了土石复合介质的电阻率计算公式，明确了土石介质二维电场分布，并通过模型进行了验证；赵明阶[119]，张欣[120] 等人依托国家自然基金项目开展了针对土石堤坝三维电场分布的初步研究，研究采用 MATLAB 编程对土石堤坝正演计算结果进行成图，分析了隐患体类型和电源条件变化对应的土石堤坝电场分布特征，由此获得了含隐患土石堤坝的电场分布规律，但研究过程并未将土石堤坝三维电场分布进行理论推导，也并未完全明晰不同类型隐患体在不同条件下的三维电场响应特征，因此工程诊断应用具有一定局限性；欧元超[121] 通过试验研究，获得了不同走向、位置的土石坝渗漏通道地电场响应特征，通过不同角度、不同深度渗漏通道的对比研究，获得了角度及埋深影响下的渗漏通道地电场分布规律，研究结论仅局限于渗漏通道的方向和深度两种影响因素，并未涉及土石堤坝其他隐患的电场分布规律，且研究也未体现土石堤坝渗漏通道的三维地电场响应特征；王日升[122] 等人通过土石串联-并联混合结构模型推导了土石复合介质的电阻率，将土石坝渗漏通道进行模型概化，推导了概化后渗漏通道内外的三维电场分布解析表达式，通过有限元数值模拟，获得了渗漏通道内外三维电场分布规律，但研究仅局限于土石堤坝的渗透通道隐患，隐患类型研究不全面。除上述文献之外，目前未发现其他针对土石堤坝电场分布的研究。因此，开展基于土石堤坝三维电场分布规律研究具有现实指导意义。

通过国内外研究情况看，目前国内外采用电法手段进行土石堤坝渗漏诊断的应用较多，但诊断结论大多是通过检测仪器层析成像后人为判断获得，缺乏针对土石堤坝尤其是含隐患土石堤坝三维电场分布规律的理论支撑，导致隐患诊断的准确性不足；同时研究还发现，土石堤坝渗流及渗流场相关研究中鲜有文献涉及渗流场及电场同步关联研究，从而导致土石堤坝渗流场演变过程中三维电场的变化规律不明确，缺乏渗流是否引起坝体破坏的判断依据；此外，基于单次电阻率层析成像的渗漏诊断主观性较强，难以客观反映隐患体变化范围和发展状态，因此建立客观真实的渗漏识别方法成为土石堤坝健康诊断亟待解决的问题。

第2章

土石堤坝三维电场隐患分析

土石堤坝电法渗漏检测中，不同隐患类型具有不同的电场响应特征，通过电场分布获得的电阻率层析图像，决定土石堤坝内隐患体的类型、大小、位置等隐藏信息的解释判断。为准确获得土石堤坝三维电场分布规律，诠释堤坝内部三维电场分布的响应特征，提供土石堤坝隐患诊断的理论依据，本章在总结均质堤坝渗漏破坏的主要隐患及其特点基础上，对坝体主要隐患类型进行概化，建立了概化数学模型，推导了点源场中非均质土石堤坝裂缝、洞穴及渗漏通道三维电场分布的数学解析表达式。

2.1 土石堤坝主要隐患类型

2.1.1 坝体贯通型渗漏通道隐患

土石堤坝坝体工作过程时，坝体上下游存在较大的水头差，其水头差满足能量守恒方程：

$$z_1+\frac{p_1}{\gamma}+\frac{v_1^2}{2g}=z_2+\frac{p_2}{\gamma}+\frac{v_2^2}{2g} \tag{2.1.1}$$

式中　z_1,z_2——分别为上下游的位置水头；

p_1,p_2——分别为上下游的压力水头；

v_1,v_2——分别为上下游的速度水头。

由土石堤坝受力机理可知，坝体破坏时主要靠颗粒间摩擦力抵抗层间滑移，因此筑坝时会掺加大小及形状不同的块石形成材料骨架，块体与块体之间的空隙充填胶结土体，二者共同满足坝体结构稳定和防止水体渗透的要求。然而，我国 20 世纪六七十年代筑坝时多采用人工打夯，坝体压实度难以保障，因此骨架间的土体难以填充或填充不均，导致骨架颗粒间会形成大小不均的孔隙，孔隙的存在为坝体上游水体下渗提供了可能[123]。

由式(2.1.1) 可知，坝体上下游的位置水头会产生压力，从而使孔隙中的水体沿着阻力最小的方向扩散，直至从坝体下游的某个位置流出，形成贯通通道。通道贯通后坝内水体可自由出流，筑坝材料中起胶结作用的细小颗粒会在流速水头的作用下起动，并被带出出渗口，随着出渗口被带出的泥沙增多，出渗口变大，渗透破坏会逐渐上溯发展，贯通通道孔径进一步加大，流速持续增强，挟沙能力加大，满足流体力学中泥沙起动条件的细颗粒被带出，此时坝体的破坏形式会发生转变，极易形成溃坝。由于土石堤坝土石复合介质特殊的孔隙结构，渗透水体在出渗过程中总是沿阻力最小方向运动，导致出渗口和入渗口往往不在坝体的同一断面，因此贯通型坝体渗漏通道对坝体的危害性极大。

2.1.2 动物洞穴及植物根系形成坝体隐患

土石堤坝所处位置水资源丰富，坝体周围的生物种群多样性显著，各种生物群落发育，生物链中各级生物均能在此安家落户，许多生物为了躲避天敌和觅食方便，直接将洞穴砌筑在坝体内部，植被护坡类型的土石堤坝动物筑穴现象更为明显[124]。动物洞穴和捕食通道的存在改变了坝体内部结构，进而破坏了坝体内部原有的渗流边界条件，对坝体渗流产生不利影响，加速了渗漏通道的形成。

此外，由于水分充足，土石堤坝坝体上会生长根系发达的植物，从而改变坝体结构，导致坝体内部渗流加速。同时，许多枯萎植物的根系在坝体中腐烂，导致坝体内部产生大大小小的空腔层，改变了坝体内原有的渗流条件，一旦坝内水位升高，空腔体极易贯通发生管涌，给坝体带来极大的安全隐患。

2.1.3 坝体护坡老化破坏隐患

护坡的主要作用是保护坝体不受侵害，因此坝体护坡质量的高低直接影响坝体寿命。我国20世纪修筑的土石堤坝由于技术、材料等原因，坝体护坡质量普遍不高，同时由于自身老化、坝内风浪侵蚀、水体的反复冻胀消融、人类活动加剧、地震引起变形等诸多原因，导致护坡会产生滑塌、起拱、溶蚀、剥落等破坏，目前发现护坡的主要破坏形式有以下几种[124]。

（1）护坡自身老化

土石堤坝护坡在经过长时间风吹日晒雨淋后，其自身的性能与原设计标准的出入很大，因此保护能力也会随之降低。

（2）风浪引起的护坡滑塌

堤坝内水体在风等动力因素的作用下会形成风浪，浪传到岸边由于水深较浅发生触底破碎生成流，流本身具有很强的挟沙能力，护坡底部的泥沙会被带离原位置，造成护坡底部蚀空，导致护坡体在重力的作用下发生滑塌，失去对坝体的保护。

（3）坝体内水体的冻胀消融

我国北方结冰地区，坝内水体冬季结冰导致体积增大，引发原护坡产生位移，冰消融后并不能使护坡复位，久而久之，反复的冻胀消融会对护坡的稳定性带来很大影响。

（4）人类活动影响

随着建筑业的发展，砂石的需求量不断加大，坝体周围由于水流结构的改变会产生大量淤积砂体，非法采砂会导致坝体护坡产生破坏。

综上所述，土石堤坝坝体存在多种多样的隐患，如何及时发现并清除这些隐患是当前水利研究人员的主要努力方向。近些年，由于计算机技术的飞速发展以及电法、电磁法等物探技术的不断提高，土石堤坝隐患查找的准确率、可靠性逐步提高。然而，土石堤坝三维电场分布规律的不明确，导致数据成像在解释堤坝隐患方面存在欠缺。由于土石堤坝不同隐患类型电场分布规律具有差异性，因此本书研究中先将不同隐患按照类别进行概化，进而研究基于概化模型的三维电场分布规律。

2.2 土石堤坝典型隐患的概化模型

2.2.1 坝体渗漏通道简化模型

对土石堤坝而言，由于筑坝材料自身存在差异以及施工期间压实度控制不均、后期人为扰动等综合因素影响，孔隙出现的位置是随机的，形状是不规则的，这些因素导致坝体内部孔隙结构异常复杂，渗漏通道难以预测。实际工程中经常出现入渗口至出渗口距离不远，但坝体内部的渗漏通道却错综复杂，给渗漏处理带来极大困难。为此，大部分学者在研究过程中对渗漏通道模型做了假设，如将坝体的骨架颗粒视为等直径的圆球颗粒，坝体内部水体在球形体的孔隙中存储、流动[124~127]，这种模型简化如图 2.2.1 所示。

(a) 坝体内真实情况

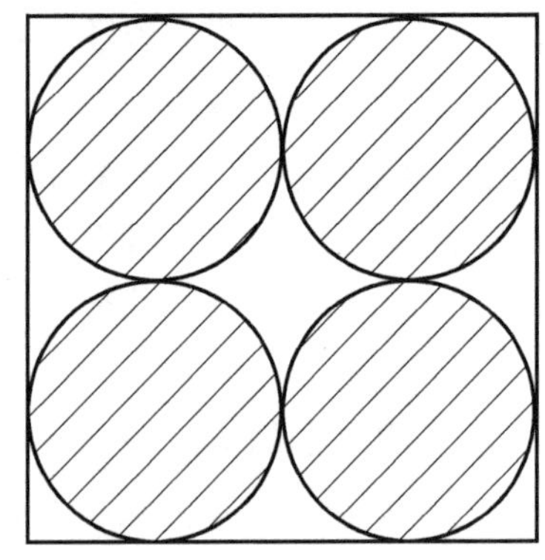

(b) 骨架简化模型

图 2.2.1 坝体骨架简化模型

基于骨架颗粒简化模型，许多学者将土石坝体内部的渗漏通道近似地简化为等直径圆管，则简化后的渗流符合一般圆管流的运动规律，这种模型简化如图 2.2.2 所示。

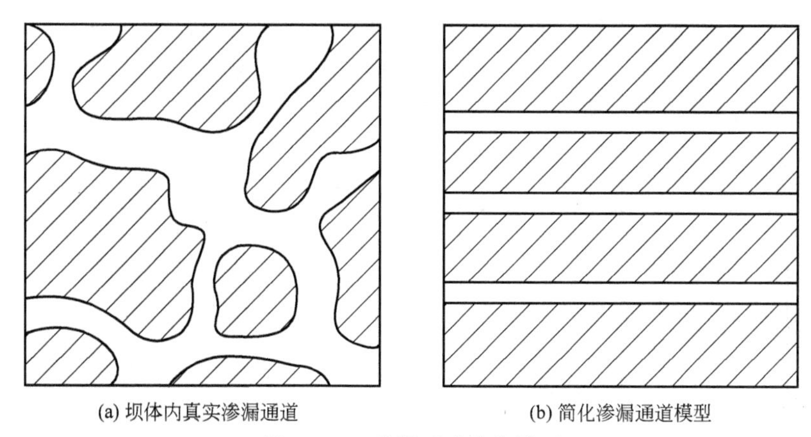

(a) 坝体内真实渗漏通道　　(b) 简化渗漏通道模型

图 2.2.2　渗漏通道简化模型

然而研究发现，坝体内部的渗漏通道并不是理想的等直截面，而是由许多大小不一且弯曲度不同的变截面组成，所以图 2.2.2 的简化模型与实际情况存在出入，因此部分学者又针对性地提出了变截面、随机弯曲的渗漏通道模型[128]，如图 2.2.3 所示。

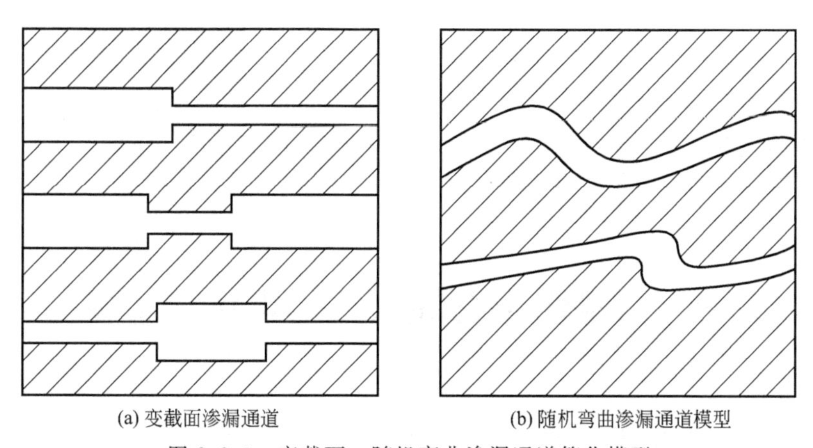

(a) 变截面渗漏通道　　(b) 随机弯曲渗漏通道模型

图 2.2.3　变截面、随机弯曲渗漏通道简化模型

虽然变截面弯曲的简化模型与实际状况更相符，但变截面渗流的边界条件变化大，不同渗漏通道的大小、弯曲度及截面积完全不同，因此完全模拟计算的难度高且计算量大，经常出现计算结果的拟合效果反而比等截面的更差。基于此，为方便计算作者研究坝体内渗漏通道时仍然采用等截面的简化模型。

2.2.2 坝体洞穴及裂缝简化模型

不同生物在坝体内筑穴的形式多种多样，洞穴形状也极不规则[129]，这给研究带来极大的不便，因此，作者本着真实模拟实际情况同时方便电场求取的原则将坝体内生物洞穴统一简化为球体，简化过程中忽略形状对电场的影响，简化模型如图 2.2.4 所示。

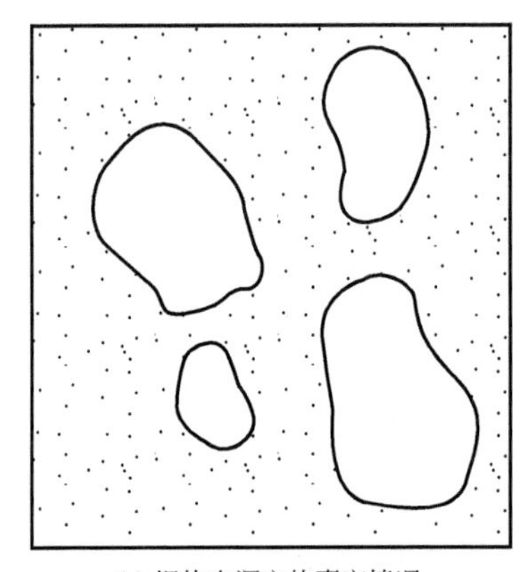
(a) 坝体内洞穴的真实情况

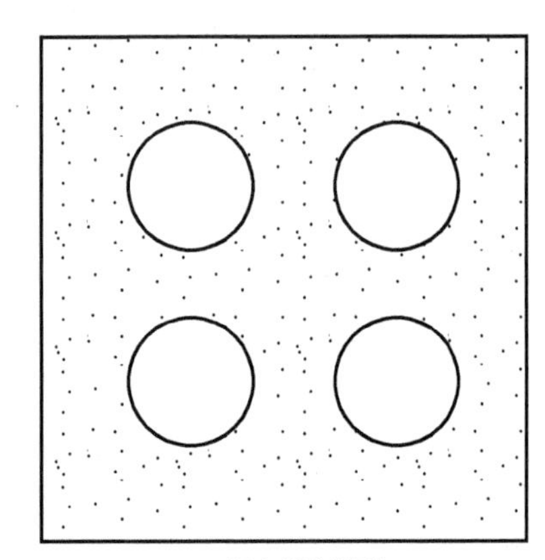
(b) 洞穴简化模型

图 2.2.4　坝体内洞穴简化模型

此外，根据文献［130］的适用条件和研究结论，本书将土石坝体裂缝和坝体内软弱夹层统一简化为椭球模型。实际中许多渗漏通道与洞穴贯通结合，此时的简化模型可视为等截面模型与洞穴简化模型的组合，裂缝与洞穴的状况可简化为椭球模型与洞穴简化模型的组合。

2.3 含隐患土石堤坝三维电场分析模型

2.3.1 点源场中均质堤坝三维电场

为获取点源场中非均质堤坝三维电场分布规律，需首先明确均质堤坝三维电场分布规律，然后对比确定不同隐患体作用下非均质堤坝的三维电场分布规律。

假设电阻率为 ρ 的均匀无限介质中，有一供电点源 $A(I)$ 距任一观测点的距离为 R，则获得任一点的理论电位值即可获得均匀土石堤坝的电场分布规律。根据电法勘探理论，不同坐标系下的 Laplace 方程可表达为以下形式[131]：

直角坐标系（x,y,z）中：

$$\frac{\partial^2 U}{\partial x^2}+\frac{\partial^2 U}{\partial y^2}+\frac{\partial^2 U}{\partial z^2}=0 \tag{2.3.1}$$

式中 U——任一点电位；

x,y,z——分别为该点至坐标原点的距离。

柱坐标系（r,φ,z）中：

$$\frac{\partial^2 U}{\partial r^2}+\frac{1}{r}\frac{\partial^2 U}{\partial r}+\frac{1}{r^2}\frac{\partial^2 U}{\partial \varphi^2}+\frac{\partial^2 U}{\partial z^2}=0 \tag{2.3.2}$$

式中 U——任一点电位；

r——柱坐标系下任一点平面投影到坐标原点的距离；

φ——投影点的方位角；

z——该点距原点平面的距离。

球坐标系（r,θ,ϕ）中：

$$\frac{\partial}{\partial r}\left(r^2\frac{\partial U}{\partial r}\right)+\frac{1}{\sin\theta}\frac{\partial}{\partial \theta}\left(\sin\theta\frac{\partial U}{\partial \theta}\right)+\frac{1}{\sin^2\theta}\frac{\partial^2 U}{\partial \phi^2}=0 \tag{2.3.3}$$

式中 U——任一点电位；

r——柱坐标系下任一点平面投影到坐标原点的距离；

θ,ϕ——分别为球坐标系中极角和方位角。

由于在均质堤坝检测中供电点位于地表，相当于全空间范围内电流密度分布加倍，而均质体全空间范围内电流密度可表示为[129]：

$$j=\frac{I}{4\pi R^2} \tag{2.3.4}$$

在半空间内，电流密度加倍，可表示为：

$$j=\frac{I}{2\pi R^2} \tag{2.3.5}$$

在均匀半空间内电流密度分布符合欧姆定律，即：

$$j=\frac{E}{\rho} \tag{2.3.6}$$

式(2.3.4)～式(2.3.6) 中：j 为电流密度；I 为供电电流；ρ 为介质电阻率；E 为电场强度。又电场强度和电位间存在以下关系：

$$E=-\nabla U \tag{2.3.7}$$

由于均质堤坝近似为各向同性的均质体，其电流密度呈以点源为中心四周均匀分散的球分布特性，故选取球坐标系，即其电位分布符合 Laplace 方程式(2.3.3)。由球坐标特性可知，在分布过程中任意一点的电位与坐标系中的方位角 ϕ 和极角 θ 无关，此时式(2.3.3) 电位分布可简化为：

$$\frac{\partial}{\partial R}\left(R^2\frac{\partial U}{\partial R}\right)=0 \tag{2.3.8}$$

式中　U——任一点电位；

R——任一观测点距供电点源距离。

将上式积分可得电位：

$$U=-\frac{C}{R}+C_1 \tag{2.3.9}$$

由边界条件知，当 R 趋向于无穷大时，电位为 0，所以式(2.3.9) 中 C_1 为 0，此时：$U=-\frac{C}{R}$，将其与式(2.3.5)，式(2.3.6) 和式(2.3.7) 联立，且在半空间中视为点源场加倍，则可求得：

$$U=\frac{I\rho}{2\pi R} \tag{2.3.10}$$

式中　U——任一点电位；

I——供电电流；

ρ——介质电阻率；

R——任一观测点距供电点源距离。

将式(2.3.10) 代入式(2.3.7) 中可知均匀堤坝的电场强度分布为：

$$E=-\frac{\partial U}{\partial R}=-\frac{I\rho}{2\pi R^2} \tag{2.3.11}$$

式中　E——电场强度，其余字母含义同式(2.3.10)。

2.3.2　点源场中堤坝裂缝三维电场

为获取点源场中裂缝的电场变化规律，作者概化裂缝为椭球体，如图 2.3.1 所示。供电点 $A(I)$ 距观测点的距离为 R，则其直角坐标系下的椭球方程为：

$$\frac{x^2}{a^2}+\frac{y^2}{b^2}+\frac{z^2}{c^2}=1 \tag{2.3.12}$$

式中　a,b,c——分别为椭球 x、y、z 方向上的主轴长度。

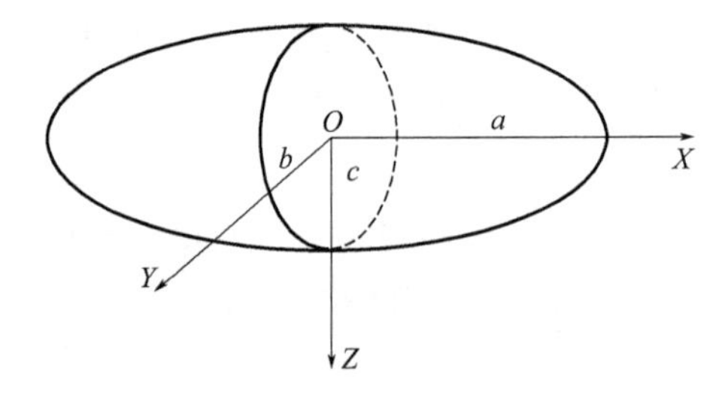

图 2.3.1　裂缝概化模型

求解椭球体上电场分布，需求解满足一定边界条件下的 Laplace 方程，为方便求解，由椭球面共焦二次曲面知直角坐标系与椭球坐标系 ξ、η、δ 存在下列关系：

$$\frac{x^2}{a^2+\xi}+\frac{y^2}{b^2+\xi}+\frac{z^2}{c^2+\xi}=1 \tag{2.3.13}$$

$$\frac{x^2}{a^2+\eta}+\frac{y^2}{b^2+\eta}+\frac{z^2}{c^2+\eta}=1 \tag{2.3.14}$$

$$\frac{x^2}{a^2+\delta}+\frac{y^2}{b^2+\delta}+\frac{z^2}{c^2+\delta}=1 \tag{2.3.15}$$

即：

$$x^2=\frac{(\xi+a^2)(\eta+a^2)(\delta+a^2)}{(b^2-a^2)(c^2-a^2)} \tag{2.3.16}$$

$$y^2=\frac{(\xi+b^2)(\eta+b^2)(\delta+b^2)}{(c^2-b^2)(a^2-b^2)} \tag{2.3.17}$$

$$z^2=\frac{(\xi+c^2)(\eta+c^2)(\delta+c^2)}{(z^2-c^2)(b^2-c^2)} \tag{2.3.18}$$

式中　x,y,z——分别为任一点至坐标原点的距离；

ξ,η,δ——分别为椭球坐标系下的球曲面、单叶双曲面和双叶双曲面。

在椭球坐标系中，点源电势满足 Laplace 方程[130]：

$$(\eta-\delta)R_\xi\frac{\partial}{\partial\xi}\left(R_\xi\frac{\partial U}{\partial\xi}\right)+(\delta-\xi)R_\eta\frac{\partial}{\partial\eta}\left(R_\eta\frac{\partial U}{\partial\eta}\right)+(\xi-\eta)R_\delta\frac{\partial}{\partial\delta}\left(R_\delta\frac{\partial U}{\partial\delta}\right)=0 \tag{2.3.19}$$

其中：

$$\left.\begin{aligned}R_\xi&=\sqrt{(\xi+a^2)(\xi+b^2)(\xi+c^2)}\\R_\eta&=\sqrt{(\eta+a^2)(\eta+b^2)(\eta+c^2)}\\R_\delta&=\sqrt{(\delta+a^2)(\delta+b^2)(\delta+c^2)}\end{aligned}\right\} \tag{2.3.20}$$

式中　U——任一点电位，其余字母含义同式(2.3.12) 和式(2.3.18)。

在求解电场时，需考虑边界条件。当 $\xi=0$ 位于椭球体表面，此时 U 与 η 和 δ 无关，只有当 U 仅是 ξ 的函数时才能实现，满足上述条件式(2.3.19) 即可简化为：

$$(\eta-\delta)\frac{\partial}{\partial\xi}\left(R_\xi\frac{\partial U}{\partial\xi}\right)=0 \tag{2.3.21}$$

即：

$$\frac{\partial R_\xi}{\partial\xi}\frac{\partial U}{\partial\xi}+R_\xi\frac{\partial^2 U}{\partial\xi^2}=0 \tag{2.3.22}$$

在式(2.3.20) 中，$R_\xi=\sqrt{(\xi+a^2)(\xi+b^2)(\xi+c^2)}$，将其代入式(2.3.22) 中并积分即可获得电位 U。

$$U=U_{\xi}=C\int_{\xi}^{\infty}\frac{d\xi}{\sqrt{(\xi+a^{2})(\xi+b^{2})(\xi+c^{2})}} \tag{2.3.23}$$

点源场中将式(2.3.23) 转为欧拉方程形式：

$$U_{椭球内}=U_0+U_{内异常}=U_0+FU_0$$
$$U_{椭球外}=U_0+U_{外异常}=U_0+AU_0 \tag{2.3.24}$$

式中 U_0——正常电位；

F,A——分别为椭球内外异常场影响因子。

由无穷远边界条件知：$\xi\rightarrow\infty$时，相当于异常体的点源场，故此时：

$$U=U_{椭球外}=C\int_{0}^{\infty}\frac{d\xi}{\xi^{\frac{3}{2}}}=\frac{2C}{R}=\frac{I\rho_2}{2\pi R} \tag{2.3.25}$$

$$C=\frac{I\rho_2}{4\pi} \tag{2.3.26}$$

由 $\xi=0$ 处的边界条件可知：$U_{椭球内}=U_{椭球外}$，即：

$$\rho_1\frac{dU_{椭球内}}{d\xi}=\rho_2\frac{dU_{椭球外}}{d\xi} \tag{2.3.27}$$

式中 ρ_1,ρ_2——分别为均质堤坝坝体材料和裂缝异常体的电阻率。

联立式(2.3.24)～式(2.3.27) 解之可得：

$$F=\frac{-\frac{ab^{2}}{2}(\rho_1-1)\int_{\xi}^{\infty}\frac{d\xi}{\sqrt{(\xi+a^{2})(\xi+b^{2})(\xi+c^{2})}}}{1+\frac{ab^{2}}{2}(\rho_2-1)\int_{\xi}^{\infty}\frac{d\xi}{\sqrt{(\xi+a^{2})(\xi+b^{2})(\xi+c^{2})}}} \tag{2.3.28}$$

$$A=\frac{-\frac{ab^{2}}{2}(\rho_1-1)}{1+\frac{ab^{2}}{2}(\rho_2-1)\int_{\xi}^{\infty}\frac{d\xi}{\sqrt{(\xi+a^{2})(\xi+b^{2})(\xi+c^{2})}}} \tag{2.3.29}$$

半空间中将式(2.3.28)、式(2.3.29) 代入式(2.3.24) 可得：

$$\begin{aligned}U_{椭球内}&=\frac{I\rho_1}{2\pi R}\left(1+\frac{-\frac{ab^{2}}{2}(\rho_1-1)\int_{\xi}^{\infty}\frac{d\xi}{\sqrt{(\xi+a^{2})(\xi+b^{2})(\xi+c^{2})}}}{1+\frac{ab^{2}}{2}(\rho_2-1)\int_{\xi}^{\infty}\frac{d\xi}{\sqrt{(\xi+a^{2})(\xi+b^{2})(\xi+c^{2})}}}\right)\\&=\frac{I\rho_1}{2\pi R}\left\{1-\frac{\frac{ab^{2}}{c^{3}}(\rho_1-1)\left[\cot^{-1}\left(\frac{a}{c}-\frac{c}{a}\right)\right]}{\left\{1+\frac{ab^{2}}{c^{3}}(\rho_2-1)\left[\cot^{-1}\left(\frac{a}{c}-\frac{c}{a}\right)\right]\right\}}\right\}\end{aligned} \tag{2.3.30}$$

$$U_{椭球外}=\frac{I\rho_1}{2\pi R}\left\{1+\frac{-\frac{ab^2}{2}(\rho_1-1)}{1+\frac{ab^2}{2}(\rho_2-1)\int_{\xi}^{\infty}\frac{\mathrm{d}\xi}{\sqrt{(\xi+a^2)(\xi+b^2)(\xi+c^2)}}}\right\}$$

$$=\frac{I\rho_1}{2\pi R}\left\{1-\frac{\frac{ab^2}{2}(\rho_1-1)}{\left\{1+\frac{ab^2}{c^3}(\rho_2-1)\left[\cot^{-1}\left(\frac{a}{c}-\frac{c}{a}\right)\right]\right\}}\right\} \tag{2.3.31}$$

由电场中电场强度与电位的关系知：

$$E=-\nabla U$$

此时电场强度为：

$$E_{椭球内}=-\frac{I\rho_1}{2\pi R^2}\left\{1-\frac{\frac{ab^2}{c^3}(\rho_1-1)\left[\cot^{-1}\left(\frac{a}{c}-\frac{c}{a}\right)\right]}{\left\{1+\frac{ab^2}{c^3}(\rho_2-1)\left[\cot^{-1}\left(\frac{a}{c}-\frac{c}{a}\right)\right]\right\}}\right\} \tag{2.3.32}$$

$$E_{椭球外}=-\frac{I\rho_1}{2\pi R^2}\left\{1-\frac{\frac{ab^2}{2}(\rho_1-1)}{\left\{1+\frac{ab^2}{c^3}(\rho_2-1)\left[\cot^{-1}\left(\frac{a}{c}-\frac{c}{a}\right)\right]\right\}}\right\} \tag{2.3.33}$$

式中 ρ_1,ρ_2——分别为均质堤坝坝体材料和裂缝异常体的电阻率；

I——供电电流；

a,b,c——分别为椭球体在不同方向上的主轴长度。

2.3.3 点源场中堤坝洞穴三维电场

为全面模拟点源电场中洞穴的电场变化规律，本书中将洞穴概化为球体模型，如图 2.3.2 所示。在电阻率为 ρ_1 的无限坝体中存在电阻率为 ρ_2 的圆球体，

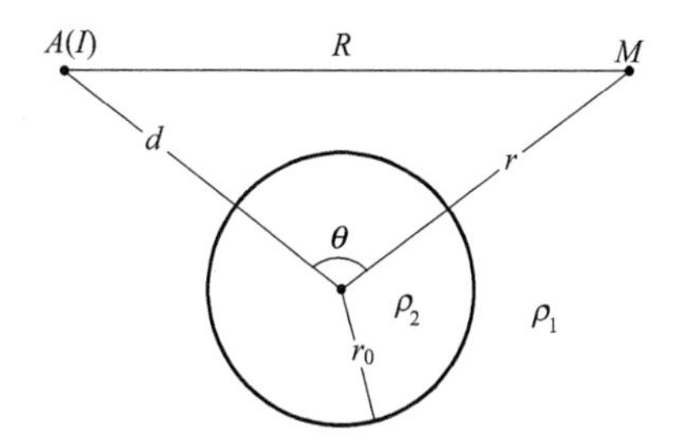

图 2.3.2 洞穴概化模型图

点电源 $A(I)$ 距离球体圆心距离为 d，地面上观测点距离球心和供电电源 $A(I)$ 的距离分别为 r 和 R，球体的半径为 r_0。

求解此模型可以根据欧拉方程形式通过电位叠加的方式进行。即认为球体内外电位由正常电位与异常电位一次场叠加而成[16]：

$$U_{球内}=U_0+U_{内异常}$$
$$U_{球外}=U_0+U_{外异常} \tag{2.3.34}$$

式中　U_0——点源电场中的正常电位，故 $U_0=\dfrac{I\rho_1}{4\pi R}$；

$U_{内异常}$，$U_{外异常}$——分别为球内外的异常电位。

取原点位于球心的球坐标系，则异常电位应满足 Laplace 方程，由于球体内外电位的轴对称性，故其在球坐标系下与 φ 无关[10]。

$$\frac{\partial}{\partial r}\left(r^2\frac{\partial U}{\partial r}\right)+\frac{1}{\sin\theta}\frac{\partial}{\partial\theta}\left(\sin\theta\frac{\partial U}{\partial\theta}\right)=0 \tag{2.3.35}$$

解上述方程时假设 $U_{异常}$ 由函数 $f(r)$ 和函数 $\phi(\theta)$ 的乘积组成，即：

$$U_{异常}(r,\theta)=f(r)\phi(\theta) \tag{2.3.36}$$

将式(2.3.36) 代入式(2.3.35) 得：

$$\frac{1}{f(r)}\frac{\partial}{\partial r}\left[r^2\frac{\partial f(r)}{\partial r}\right]+\frac{1}{\phi(\theta)\sin\theta}\frac{\partial}{\partial\theta}\left[\sin\theta\frac{\partial\phi(\theta)}{\partial\theta}\right]=0 \tag{2.3.37}$$

式中　r——地面上观测点距球心距离；

θ——供电点至球心与观测点至球心的夹角；

$f(r)$，$\phi(\theta)$——分别为由 r 和 θ 引起的关联函数。

对式(2.3.37) 分析不难发现，两个不相关的函数式子相加等于零，唯一的可能性就是两个式子为符号相反的常数或者两个式子均为零，而异常体为零与假设不符，因此：

$$\frac{1}{f(r)}\frac{\partial}{\partial r}\left[r^2\frac{\partial f(r)}{\partial r}\right]=C \tag{2.3.38}$$

$$\frac{1}{\phi(\theta)\sin\theta}\frac{\partial}{\partial\theta}\left[\sin\theta\frac{\partial\phi(\theta)}{\partial\theta}\right]=-C \tag{2.3.39}$$

将式(2.3.38) 进行转化：

$$2r\frac{\partial f(r)}{\partial r}+r^2\frac{\partial^2 f(r)}{\partial r^2}=Cf(r)$$

即可将原式转换为欧拉方程的形式：

$$r\frac{\partial}{\partial r}\left[r\frac{\partial f(r)}{\partial r}\right]+r\frac{\partial f(r)}{\partial r}-Cf(r)=0 \tag{2.3.40}$$

令 $\ln r=t$，则上式可变为：

$$\frac{\partial^2 f(r)}{\partial t^2}+\frac{\partial f(r)}{\partial t}-Cf(r)=0 \tag{2.3.41}$$

求解其上式方程可得其两个根为$\frac{1}{2}(-1\pm\sqrt{1+4C})$。

由于 C 为常数，可令 $C=n(n+1)$，则上式中两个根分别为 n 和 $-(n+1)$，所以式(2.3.38) 两个线性无关的特征解：

$$f(r)=r^n \qquad f(r)=r^{-(n+1)} \tag{2.3.42}$$

同时，将 $C=n(n+1)$ 代入式(2.3.39)，即：

$$\frac{1}{\sin\theta}\frac{\partial}{\partial\theta}\left[\sin\theta\frac{\partial\phi(\theta)}{\partial\theta}\right]+n(n+1)\phi(\theta)=0 \tag{2.3.43}$$

上式为勒让德方程，解其可得：

$$\phi(\theta)=P_n(\cos\theta) \tag{2.3.44}$$

$P_n(\cos\theta)$ 为 $\cos\theta$ 的 n 次多项式，即[131]：

$$P_0(\cos\theta)=1$$

$$P_1(\cos\theta)=\cos\theta$$

$$P_2(\cos\theta)=\frac{1}{2}(3\cos^2\theta-1)$$

以此类推：

$$P_n(\cos\theta)=\frac{1}{2^n n!}\frac{d^n}{dx^n}(\cos^2\theta-1)^n \tag{2.3.45}$$

将式(2.3.42) 和式(2.3.44) 联立可解得式(2.3.35) 的一个特解：

$$U_{异常}(r,\theta)=A_n r^n P_n(\cos\theta)+B_n r^{-(n+1)}P_n(\cos\theta) \tag{2.3.46}$$

A_n、B_n 为两个待定常数。

此时球体内外的异常电位可以分别写成：

$$U_{内异常}=\sum_{n=0}^{\infty}A_n r^n P_n(\cos\theta)$$

$$U_{外异常}=\sum_{n=0}^{\infty}B_n r^{-(n+1)}P_n(\cos\theta) \tag{2.3.47}$$

将 $U_0=\frac{I\rho_1}{4\pi R}$、$U_{内异常}$、$U_{外异常}$代入式(2.3.34) 得

$$U_{球内}=\frac{I\rho_1}{4\pi R}+\sum_{n=0}^{\infty}A_n r^n P_n(\cos\theta)$$

$$U_{球外}=\frac{I\rho_1}{4\pi R}+\sum_{n=0}^{\infty}B_n r^{-(n+1)}P_n(\cos\theta) \tag{2.3.48}$$

现只要确定两个待定常数 A_n、B_n 便可知道球内外的电位分布。

由图 2.3.2 几何关系知：

$$R=\sqrt{d^2+r^2-2rd\cos\theta} \tag{2.3.49}$$

因为供电电源在球外，所以对于到球心距离小于 d 的点来说（无论球体内、外的点），$\frac{1}{R}$式均可按多项式展成级数。

$$\begin{aligned}\frac{1}{R}&=\frac{1}{d}\left[1+\left(\frac{r}{d}\right)^2-2\frac{r}{d}\cos\theta\right]^{-0.5}\\&=\frac{1}{d}\left[1+\frac{r}{d}\cos\theta+\left(\frac{r}{d}\right)^2\left(\frac{3}{2}\cos^2\theta-\frac{1}{2}\right)+\left(\frac{r}{d}\right)^3\left(\frac{5}{2}\cos^3\theta-\frac{3}{2}\cos\theta\right)+\cdots\right]\end{aligned} \tag{2.3.50}$$

上式中$\left(\frac{r}{d}\right)^n$的系数即为 $\cos\theta$ 的 n 阶展开的勒让德多项式，因此上式可合并简化为：

$$\frac{1}{R}=\frac{1}{d}\sum_{n=0}^{\infty}\left(\frac{r}{d}\right)^n P_n(\cos\theta) \tag{2.3.51}$$

于是式(2.3.48) 便可写成：

$$U_{球内}=\frac{I\rho_1}{4\pi}\frac{1}{d}\sum_{n=0}^{\infty}\left(\frac{r}{d}\right)^n P_n(\cos\theta)+\sum_{n=0}^{\infty}A_n r^n P_n(\cos\theta)$$

$$U_{球外}=\frac{I\rho_1}{4\pi}\frac{1}{d}\sum_{n=0}^{\infty}\left(\frac{r}{d}\right)^n P_n(\cos\theta)+\sum_{n=0}^{\infty}B_n r^{-n(n+1)} P_n(\cos\theta) \tag{2.3.52}$$

用 q 表示$\frac{I\rho_1}{4\pi}$，并作一些变换后则上式可写成以下形式：

$$U_{球内}=\sum_{n=0}^{\infty}\left[q\frac{r^n}{d^{n+1}}+A_n r^n\right]P_n(\cos\theta)$$

$$U_{球外}=\sum_{n=0}^{\infty}\left[q\frac{r^n}{d^{n+1}}+B_n r^{-(n+1)}\right]P_n(\cos\theta) \tag{2.3.53}$$

又因为隐患交界 $r=r_0$ 处电位连续性条件[131]：

$$U_1=U_2 \tag{2.3.54}$$

即：

$$\sum_{n=0}^{\infty}\left[q\frac{r_0^n}{d^{n+1}}+A_n r_0^n\right]P_n(\cos\theta)=\sum_{n=0}^{\infty}\left[q\frac{r_0^n}{d^{n+1}}+B_n r_0^{-(n+1)}\right]P_n(\cos\theta) \tag{2.3.55}$$

$r=r_0$ 处电流密度法向分量连续性条件[131]：

$$\frac{1}{\rho_1}\frac{\partial U_{球内}}{\partial r}=\frac{1}{\rho_2}\frac{\partial U_{球外}}{\partial r} \tag{2.3.56}$$

$$
\begin{aligned}
&\frac{1}{\rho_2}\sum_{n=0}^{\infty}\left[q\frac{nr_0^{n-1}}{d^{n+1}}+nA_nr_0^{n-1}\right]P_n(\cos\theta) \\
&=\frac{1}{\rho_1}\sum_{n=0}^{\infty}\left[q\frac{nr_0^{n-1}}{d^{n+1}}-(n+1)B_nr_0^{-(n+2)}\right]P_n(\cos\theta)
\end{aligned}
\tag{2.3.57}
$$

因为式(2.3.55)和式(2.3.57)对于所有θ值都要满足，所以每一式子中［$P_n(\cos\theta)$］多项式必须相等，因此在方程两边可同时约去，即：

$$q\frac{r_0^n}{d^{n+1}}+A_nr_0^n=q\frac{r_0^n}{d^{n+1}}+B_nr_0^{-(n+1)} \tag{2.3.58}$$

$$\frac{1}{\rho_2}\left[q\frac{nr_0^{n-1}}{d^{n+1}}+nA_nr_0^{n-1}\right]=\frac{1}{\rho_1}\left[q\frac{nr_0^{n-1}}{d^{n+1}}-(n+1)B_nr_0^{-(n+2)}\right] \tag{2.3.59}$$

变换后可得：

$$A_nr_0^{2n+1}=B_n \tag{2.3.60}$$

$$\frac{1}{\rho_2}nA_nr_0^{2n+1}+\frac{1}{\rho_1}(n+1)B_n=\left(\frac{1}{\rho_1}-\frac{1}{\rho_2}\right)qn\frac{r_0^{2n+1}}{d^{n+1}} \tag{2.3.61}$$

联立方程求解得：

$$A_n=q\frac{(\rho_2-\rho_1)n}{\rho_1n+\rho_2(n+1)}\frac{1}{d^{n+1}} \tag{2.3.62}$$

$$B_n=q\frac{(\rho_2-\rho_1)n}{\rho_1n+\rho_2(n+1)}\frac{r_0^{2n+1}}{d^{n+1}} \tag{2.3.63}$$

将A_n和B_n值代入式(2.3.53)中，可得球体内、外电位表达式：

$$
\left.
\begin{aligned}
U_{球内}&=\frac{I\rho_1}{4\pi}\left[\frac{1}{R}+\sum_{n=0}^{\infty}\frac{(\rho_2-\rho_1)n}{\rho_1n+\rho_2(n+1)}\frac{r^n}{d^{n+1}}P_n(\cos\theta)\right] \\
U_{球外}&=\frac{I\rho_1}{4\pi}\left[\frac{1}{R}+\sum_{n=0}^{\infty}\frac{(\rho_2-\rho_1)n}{\rho_1n+\rho_2(n+1)}\frac{r_0^{2n+1}}{d^{n+1}r^{n+1}}P_n(\cos\theta)\right]
\end{aligned}
\right\}
\tag{2.3.64}
$$

式中　ρ_1，ρ_2——分别为均质堤坝坝体材料和球体异常体的电阻率；

I——供电电流；

$P_n(\cos\theta)$——n阶勒让德多项式。

在半空间中求取电位可采取点源场强加倍措施[129]，且只考虑勒让德展开式的一阶，即$n=1$，则式(2.3.64)简化为：

$$
\left.
\begin{aligned}
U_{球内}&=\frac{I\rho_1}{2\pi}\left[\frac{1}{R}+\frac{(\rho_2-\rho_1)}{(\rho_1+2\rho_2)}\frac{r}{d^2}\right] \\
U_{球外}&=\frac{I\rho_1}{2\pi}\left[\frac{1}{R}+\frac{(\rho_2-\rho_1)}{\rho_1+2\rho_2}\frac{r_0^3}{d^2r^2}\right]
\end{aligned}
\right\}
\tag{2.3.65}
$$

又由电场中电场强度与电位的关系知：

$$E=-\nabla U \tag{2.3.66}$$

此时电场强度为

$$
\begin{aligned}
E_{球内}&=\frac{I\rho_1}{2\pi}\left[-\frac{1}{R^2}+\frac{(\rho_2-\rho_1)}{\rho_1+2\rho_2}\left(\frac{1}{d^2}-\frac{2r}{d^3}\right)\right]\\
E_{球外}&=\frac{I\rho_1}{2\pi}\left[-\frac{1}{R^2}-\frac{(\rho_2-\rho_1)r_0^3}{\rho_1+2\rho_2}\left(\frac{2}{d^3r^2}+\frac{2}{d^2r^3}\right)\right]
\end{aligned}
\tag{2.3.67}
$$

式中　ρ_1,ρ_2——分别为均质堤坝坝体材料和球体异常体的电阻率；

I——供电电流；

r_0——球体的半径；

d——点电源至球体圆心距离；

r——地面上观测点至球心距离；

R——供电电源至观测点距离。

式(2.3.67) 中只要确定土石复合体的电阻率 ρ_1 和洞体填充介质的电阻率 ρ_2 即可确定坝体内含有洞体的土石坝电场分布。故此处只根据实际情况讨论洞体电阻率。

(1) 洞体内灌满液体

此时情况相对简单，即：

$$\rho_2=\rho_w \tag{2.3.68}$$

式中　ρ_w——水的电阻率。

电场分布：

$$
\begin{aligned}
E_{球内}&=\frac{I\rho_1}{2\pi}\left[-\frac{1}{R^2}+\frac{(\rho_w-\rho_1)}{\rho_1+2\rho_w}\left(\frac{1}{d^2}-\frac{2r}{d^3}\right)\right]\\
E_{球外}&=\frac{I\rho_1}{2\pi}\left[-\frac{1}{R^2}-\frac{(\rho_w-\rho_1)r_0^3}{\rho_1+2\rho_w}\left(\frac{2}{d^3r^2}+\frac{2}{d^2r^3}\right)\right]
\end{aligned}
\tag{2.3.69}
$$

(2) 洞体内充满气体

此时为高阻，即：

$$\rho_2=\rho_{空气} \tag{2.3.70}$$

$$
\left.
\begin{aligned}
E_{球内}&=\frac{I\rho_1}{2\pi}\left[-\frac{1}{R^2}+\frac{(\rho_{空气}-\rho_1)}{\rho_1+2\rho_{空气}}\left(\frac{1}{d^2}-\frac{2r}{d^3}\right)\right]\\
E_{球外}&=\frac{I\rho_1}{2\pi}\left[-\frac{1}{R^2}-\frac{(\rho_{空气}-\rho_1)r_0^3}{\rho_1+2\rho_{空气}}\left(\frac{2}{d^3r^2}+\frac{2}{d^2r^3}\right)\right]
\end{aligned}
\right\}
\tag{2.3.71}
$$

(3) 洞体内为气相液相两相混合

此时仍为水体导电，即：

$$\rho_2=\rho_w \tag{2.3.72}$$

$$E_{球内}=\frac{I\rho_1}{2\pi}\left[-\frac{1}{R^2}+\frac{(\rho_w-\rho_1)}{\rho_1+2\rho_w}\left(\frac{1}{d^2}-\frac{2r}{d^3}\right)\right]$$

$$E_{球外}=\frac{I\rho_1}{2\pi}\left[-\frac{1}{R^2}-\frac{(\rho_w-\rho_1)r_0^3}{\rho_1+2\rho_w}\left(\frac{2}{d^3r^2}+\frac{2}{d^2r^3}\right)\right] \tag{2.3.73}$$

2.3.4 点源场中堤坝渗漏通道三维电场

为更好推导渗漏通道电场分布规律，本书中将均质土石堤坝中的渗漏通道概化为圆柱体。

假设在点源电场中，电阻率为 ρ_1 的均匀全空间介质中存在一半径为 r_0、电阻率为 ρ_2 的长均匀圆柱体的渗漏通道，为推导方便起见，假设圆柱体与 x 轴垂直，如图 2.3.3 所示。

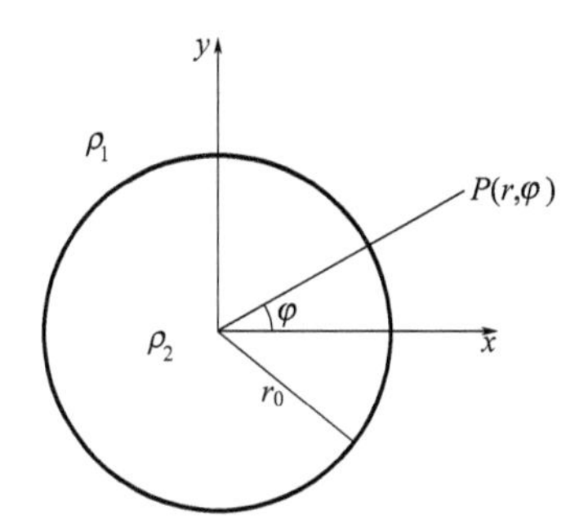

图 2.3.3 渗漏通道概化模型

设 U_1 是圆柱体外电位，U_2 是圆柱体内电位。U_1、U_2 由两部分叠加而成，一部分是正常电位，一部分为异常电位一次场，则半空间点源场中正常电位可表示为：

$$U_0=\frac{I\rho_1}{2\pi R} \tag{2.3.74}$$

式中 R——供电点至观测点的距离；

ρ_1——均匀全空间介质电阻率；

I——供电电流。

另一部分是柱内外的异常电位 $U_{内异常}$、$U_{外异常}$ 柱坐标系中的 Laplace 方程[132,133]：

$$\frac{1}{r}\frac{\partial}{\partial r}\left(r\frac{\partial U}{\partial r}\right)+\frac{1}{r^2}\frac{\partial^2 U}{\partial\varphi^2}+\frac{\partial^2 U}{\partial z^2}=0 \tag{2.3.75}$$

由图2.3.3知，圆柱体仅与r、φ有关，与z轴无关，因此上式可以简化为：

$$\frac{1}{r}\frac{\partial}{\partial r}\left(r\frac{\partial U}{\partial r}\right)+\frac{1}{r^2}\frac{\partial^2 U}{\partial \varphi^2}=0 \tag{2.3.76}$$

式中 U——任一点电位；

r——柱坐标系下任一点平面投影到坐标原点的距离；

φ——投影点的方位角。

长柱体外：

$$\frac{1}{r}\frac{\partial}{\partial r}\left(r\frac{\partial U_{外异常}}{\partial r}\right)+\frac{1}{r^2}\frac{\partial^2 U_{外异常}}{\partial \varphi^2}=0 \tag{2.3.77}$$

长柱体内：

$$\frac{1}{r}\frac{\partial}{\partial r}\left(r\frac{\partial U_{内异常}}{\partial r}\right)+\frac{1}{r^2}\frac{\partial^2 U_{内异常}}{\partial \varphi^2}=0 \tag{2.3.78}$$

令$U_{异常}=f(r)g(\varphi)$，其中$f(r)$为仅与r有关的函数，$g(\varphi)$为仅与φ有关的函数，而z方向上圆柱体半径为r_0是常数，则式(2.3.76)可表示为：

$$\frac{1}{r}\frac{\partial}{\partial r}\left(rg\frac{\partial f}{\partial r}\right)+\frac{1}{r^2}f\frac{\partial^2 g}{\partial \varphi^2}=0 \tag{2.3.79}$$

将上式各项乘以$\frac{r^2}{fg}$可变为：

$$r^2\frac{\partial^2 f}{\partial r^2}+r\frac{\partial f}{\partial r}+\frac{1}{g}\frac{\partial^2 g}{\partial \varphi^2}f=0 \tag{2.3.80}$$

式中 f——仅与r有关的函数；

g——仅与φ有关的函数。

令：

$$\frac{1}{g}\frac{\partial^2 g}{\partial \varphi^2}=-n^2 \tag{2.3.81}$$

式中 n——与阶数有关的变量参数。

上两式可转化为贝塞尔方程求解[133]，则式(2.3.80)和式(2.3.81)的解为：

$$f=A_nJ_n(nr)+B_nY_n(nr) \tag{2.3.82}$$

$$g=C_n\cos n\varphi+D_n\sin n\varphi \tag{2.3.83}$$

式中 A_n,B_n,C_n,D_n——贝塞尔系数。

代入式(2.3.76)可得其通解为：

$$U_{异常}=\sum_{n=1}^{\infty}\left(A_nr^n+\frac{B_n}{r^n}\right)(C_n\cos n\varphi+D_n\sin n\varphi) \tag{2.3.84}$$

又由极限条件，$r\to\infty$时，U_1的$A_n=0$；$r\to 0$时，U_2有限，U_2的$B_n=0$。

又由于电位的轴对称性，U_1、U_2 中都没有 $\sin\varphi$ 项，$C_n=1$，故：

$$U_1=U_0+\sum_{n=1}^{\infty}\frac{B_n}{r^n}\cos n\varphi \tag{2.3.85}$$

$$U_2=U_0+\sum_{n=1}^{\infty}A_n r^n\cos n\varphi \tag{2.3.86}$$

由衔接处 $r=r_0$ 电位相等条件可得[129]：

$$U_1=U_2 \tag{2.3.87}$$

即：

$$\sum_{n=1}^{\infty}\frac{B_n}{r_0^n}\cos n\varphi=\sum_{n=1}^{\infty}A_n r_0^n\cos n\varphi \tag{2.3.88}$$

由 $r=r_0$ 处电流密度法向分量连续性条件[128]：

$$\frac{1}{\rho_1}\frac{\partial U_1}{\partial r}=\frac{1}{\rho_2}\frac{\partial U_2}{\partial r} \tag{2.3.89}$$

即：

$$\frac{I}{2\pi R^2}-\frac{1}{\rho_1}\sum_{n=1}^{\infty}n\frac{B_n}{r_0^{n+1}}\cos n\varphi=\frac{I\rho_1}{2\pi R^2\rho_2}+\frac{1}{\rho_2}\sum_{n=1}^{\infty}nA_n r_0^{n-1}\cos n\varphi \tag{2.3.90}$$

当 $n\neq1$ 时，除 $A_n=B_n=0$ 外，没有解。

当 $n=1$ 时，代入式(2.3.88)、式(2.3.90) 得：

$$B_1=\frac{I(\rho_2-\rho_1)r_0^2}{4\pi R^2\rho_2\cos\varphi} \tag{2.3.91}$$

$$A_1=\frac{I(\rho_2-\rho_1)}{4\pi R^2\rho_2\cos\varphi} \tag{2.3.92}$$

将 B_1、A_1 分别代入式(2.3.85)、式(2.3.86) 得

$$U_1=\frac{I\rho_1}{2\pi R}+\frac{I(\rho_2-\rho_1)r_0^2}{4\pi R^2\rho_2 r} \tag{2.3.93}$$

$$U_2=\frac{I\rho_1}{2\pi R}+\frac{I(\rho_2-\rho_1)}{4\pi R^2\rho_2}r \tag{2.3.94}$$

式中　R——供电点至观测点的距离；

ρ_1,ρ_2——分别为均匀全空间介质和异常体电阻率；

I——供电电流；

r_0——圆柱体断面半径。

又由电场中电场强度与电位的关系知：

$$E=-\nabla U$$

将其代入式(2.3.93) 和式(2.3.94) 可得渗漏通道内外电场分布：

$$E_1=-\frac{I\rho_1}{2\pi R^2}-\frac{I(\rho_2-\rho_1)r_0^2}{4\pi R^2\rho_2 r^2}-\frac{I(\rho_2-\rho_1)r_0^2}{2\pi R^3\rho_2 r} \tag{2.3.95}$$

$$E_2=-\frac{I\rho_1}{2\pi R^2}+\frac{I(\rho_2-\rho_1)}{4\pi R^2\rho_2}-\frac{I(\rho_2-\rho_1)}{2\pi R^3\rho_2}r \tag{2.3.96}$$

由于不同模型中的土石复合体电阻率可视为已知条件，因此如果知道模型内电阻率 ρ_2 则可了解渗漏通道内外的电场分布情况，由于贯通型坝体渗漏，模型圆柱体内充斥着水，故此时可将式(2.3.95)、式(2.3.96) 简化为：

$$\rho_2=\rho_{水}$$

而水的电阻率亦可视为已知条件，故可推知土石坝渗漏通道内外的电场分布规律：

$$E_{内}=-\frac{I\rho_1}{2\pi R^2}-\frac{I(\rho_{水}-\rho_1)r_0^2}{4\pi R^2\rho_{水}\ r^2}-\frac{I(\rho_{水}-\rho_1)r_0^2}{2\pi R^3\rho_{水}\ r} \tag{2.3.97}$$

$$E_{外}=-\frac{I\rho_1}{2\pi R^2}+\frac{I(\rho_{水}-\rho_1)}{4\pi R^2\rho_{水}}-\frac{I(\rho_{水}-\rho_1)}{2\pi R^3\rho_{水}}r \tag{2.3.98}$$

第3章

土石堤坝三维电场分布规律的数值模拟

前一章通过概化模型，推导了不同隐患体三维电场分布的数学解析表达式，然而在复杂场源和物性分布条件下，无法通过理论方式直接求解三维电场的解析解。为解决这一问题，本章采用有限元计算程序，对不同隐患体三维电场分布进行数值模拟。同时，为提高计算效率，模拟过程采取调用开源软件和 *SQLite* 数据库存储相结合的加速优化处理方式，得到了均质土石堤坝和含隐患非均质土石堤坝三维电场分布的响应特征，为后续基于三维电场分布规律的土石堤坝渗漏诊断提供解释依据。

3.1 三维点源电场的边值及变分问题

3.1.1 总电位的边值问题

如图 3.1.1 所示，假设地面处 A 点电源的电流强度为 I，其产生的电流密度矢量为 j。由空间内任一的边界面 Γ 所围区域为 Ω，则由通量定理，如果 A 点位于闭合面 Γ 上时［如图 3.1.1(a)］，流过闭合区域 Ω 的电流总量为 I；如果 A 点在闭合面 Γ 之外时［如图 3.1.1(b)］，流过闭合区域 Ω 的电流总量为零。由上述定理在 Ω 区域内对电流密度积分可得[16]：

$$\oint\!\!\!\oint j d\Gamma = \begin{cases} 0(A \notin \Omega) \\ I(A \in \Gamma) \end{cases} \tag{3.1.1}$$

式中 j——电流密度；

Γ——封闭边界面；

Ω——Γ 边界的圈围面积；

I——电流强度。

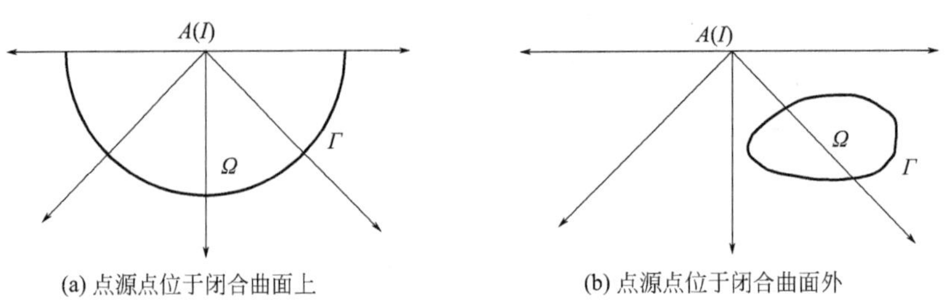

(a) 点源点位于闭合曲面上　　(b) 点源点位于闭合曲面外

图 3.1.1　点源电场求解示意

由高斯公式知，矢量的面积分可以转换为矢量散度的体积分，即将式(3.1.1)转换为：

$$\oint\!\!\!\oint j d\Gamma = \iiint_{\Omega} \nabla j \,\mathrm{d}\Omega = \begin{cases} 0(A \notin \Omega) \\ I(A \in \Gamma) \end{cases} \tag{3.1.2}$$

用 $\delta(A)$ 表示以 $A(x_A, y_A, z_A)$ 为中心的狄拉克函数：

$$\delta(A) = \delta(x - x_A)\delta(y - y_A)\delta(z - z_A) \tag{3.1.3}$$

式中 $\delta(A)$——狄拉克函数；

x, y, z——任一点坐标；

x_A, y_A, z_A——中心点坐标。

由狄拉克函数的积分性质并进行相应转化可得：

$$\frac{1}{2}\iiint_{\Omega} \nabla j \,\mathrm{d}\Omega = I \iiint_{\Omega} \delta(A) \mathrm{d}\Omega \tag{3.1.4}$$

即：

$$\nabla j = 2I\delta(A) \tag{3.1.5}$$

又由欧姆定律及电场强度分布定律计算可得电位 U 满足的微分方程：

$$\nabla(\sigma \nabla U) = -2I\delta(A) \tag{3.1.6}$$

式中 U——任一点电位；

σ——介质电导率。

如图 3.1.2 所示，Γ_S 为研究区域 Ω 的地表边界，Γ_∞ 为其无穷边界，则在 Γ_S 上，电流法向分量为零，电流仅沿地表流动，即：

$$\frac{\partial U}{\partial n} = 0 \qquad \in \Gamma_S \tag{3.1.7}$$

式中 n——Γ_S 的法向方向。

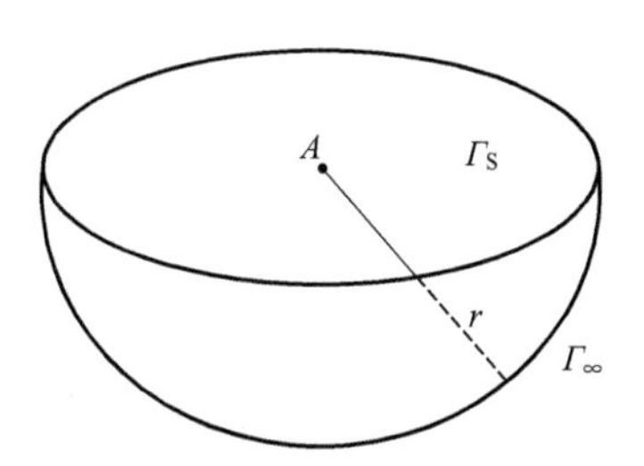

图 3.1.2 总电位求解示意

假设在无穷边界 Γ_∞ 上，研究区域内部不均匀的电性对 Γ_∞ 上的电位不发生影响，则任意一点电位与供电点电位存在线性关系，即：

$$U = \frac{c}{r} \qquad \in \Gamma_\infty \tag{3.1.8}$$

式中 c——比例系数；

r——电源点至边界的距离。

对式(3.1.8) 求导可得总电位在 Γ_∞ 上的边值条件：

$$\frac{\partial U}{\partial n}+\frac{\cos(r,n)U}{r}=0 \qquad \in \Gamma_{\infty} \tag{3.1.9}$$

则综合以上各式可得总电位的边值条件，即：

$$\begin{cases}\nabla(\sigma \nabla U)=-2I\delta(A) & \in \Omega \\ \dfrac{\partial U}{\partial n}=0 & \in \Gamma_S \\ \dfrac{\partial U}{\partial n}+\dfrac{\cos(r,n)U}{r}=0 & \in \Gamma_{\infty}\end{cases}$$

式中　Ω——Γ 边界的圈围面积；

Γ_S——Ω 的地表边界；

Γ_{∞}——其无穷边界；

I——电流强度；

$\delta(A)$——狄拉克函数；

U——Ω 区域内任一点电位；

σ——介质电导率；

n——Γ_S 的法向方向；

r——电源点至边界的距离。

3.1.2 异常电位的边值问题

同理，由参考文献［16］指导思想，将总电位视为由正常电位 u_0 和异常电位 u 组成，即：

$$U=u_0+u \tag{3.1.10}$$

式中　U——任一点总电位；

u_0——正常电位；

u——异常电位。

在地下均匀介质 σ_0 中，其正常电位可通过理论获得其解析解：

$$u_0=\frac{I}{2\pi r\sigma_0} \tag{3.1.11}$$

式中　u_0——正常电位；

I——电流强度；

σ_0——地下均匀介质电导率；

r——任一点至电源点距离。

由于正常电位是解析法直接求得的理论解，故可认为其不存在误差，因此总电位的误差完全来自异常电位误差，即 $\Delta U=\Delta u$。当地下介质不是均质介质 σ_0，而是由多种不同介质组成，由于各种介质电导率具有差异性，很难用解析法求其理论解，因此求解中便会产生异常电位。

如图 3.1.3 所示，假设均匀介质的电导率为 σ_1，不均匀介质的电导率为 σ_2，同时用 Ω_1、Ω_2 表示 σ_1、σ_2 所占的区域，用 U_1、U_2 表示 Ω_1、Ω_2 区域内的总电位，u_1、u_2 表示异常电位，则由电位间的关系知：

$$U_1=u_0+u_1, U_2=u_0+u_2 \tag{3.1.12}$$

式中 U_1, U_2——表示不同区域的总电位；

u_1, u_2——表示不同区域的异常电位；

u_0——正常电位。

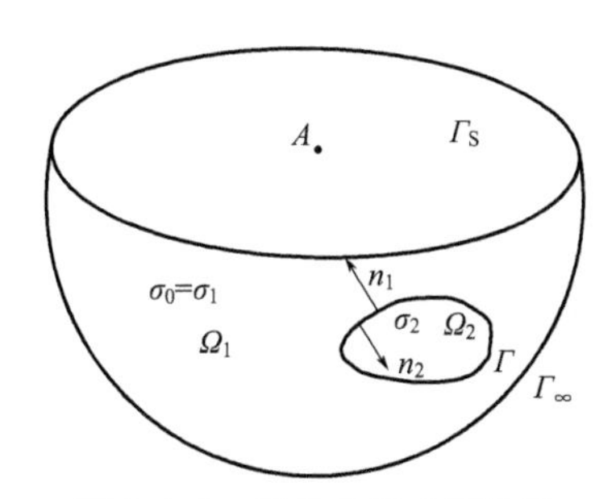

图 3.1.3 异常电位求解示意

同样电导率也存在关系：

$$\sigma=\sigma_0+\sigma' \tag{3.1.13}$$

式中 σ——总电导率；

σ_0——正常电导率；

σ'——异常电导率。

在区域 Ω_1 内的异常电导率为零，即：$\sigma_1'=0$，故 $\sigma_0=\sigma_1$。

在 Ω_2 内，$\sigma_2'=\sigma_2-\sigma_0=\sigma_2-\sigma_1$，式(3.1.6) 的总电位微分方程表示为：

$$\nabla(\sigma\nabla U)=\nabla|(\sigma\nabla u+\sigma\nabla u_0)|=\nabla|(\sigma\nabla u+\sigma_0\nabla u_0+\sigma'\nabla u_0)|=-2I\delta(A) \tag{3.1.14}$$

由 $\nabla(\sigma_0\nabla u_0)=-2I\delta(A)$ 代入上式可得：

$$\nabla(\sigma\nabla u)=-\nabla(\sigma'\nabla u_0) \tag{3.1.15}$$

式中 σ——总电导率；

σ'——异常电导率；

u_0——正常电位；

u——异常电位。

由图 3.1.3 可以看出 Γ 为介质 Ω_1、Ω_2 区域的分界面，Γ_S 为地表边界，Γ_∞ 为无穷边界，则异常电位 u 的边界条件为：

$$\frac{\partial u}{\partial n}=0 \qquad \in \Gamma_S$$

$$\frac{\partial u}{\partial n}+\frac{\cos(r,n)u}{r}=0 \qquad \in \Gamma_\infty$$

$$u_1=u_2 \qquad \in \Gamma$$

$$\sigma_1 \frac{\partial u_1}{\partial n}+\sigma_2 \frac{\partial u_2}{\partial n}=-\left(\sigma_1 \frac{\partial u_0}{\partial n}+\sigma_2 \frac{\partial u_0}{\partial n}\right) \qquad \in \Gamma \tag{3.1.16}$$

式中 Γ_S——地表边界；

Γ_∞——无穷边界；

Γ——异常体边界；

u_0——正常电位；

u——异常电位；

σ_1——均匀介质的电导率；

σ_2——不均匀介质的电导率；

n——Γ_S 的法向方向；

r——任一点至电源点距离。

式(3.1.15) 和式(3.1.16) 共同构成了异常电位的边界条件。

3.1.3 总电位的变分问题

由参考文献 [16] 知，为求解总电位变分先构造泛函：

$$I(u)=\int_\Omega \left[\frac{1}{2}\sigma(\nabla U)^2-2I\delta(A)U\right]\mathrm{d}\Omega \tag{3.1.17}$$

则其变分为：

$$\begin{aligned}\delta I(U)&=\int_\Omega [\sigma\nabla U\nabla\delta U-2I\delta(A)\delta U]\mathrm{d}\Omega \\ &=\int_\Omega \{\nabla(\sigma\nabla U\delta U)-[\nabla(\sigma\nabla U)+2I\delta(A)]\delta U\}\mathrm{d}\Omega\end{aligned} \tag{3.1.18}$$

求解可得：

$$F(U)=\int_\Omega \left[\frac{1}{2}\sigma(\nabla U)^2-2I\delta(A)U\right]\mathrm{d}\Omega+\frac{1}{2}\int_\Gamma \sigma\frac{\cos(r,n)}{r}U^2\mathrm{d}\Gamma$$

$$\delta F(U)=0 \tag{3.1.19}$$

即三维电场的总电位的边值问题与上述变分问题等价。

式(3.1.17)～式(3.1.19) 中字母含义：Ω 为 Γ 边界的圈围面积，Γ_S 为 Ω 的地表边界，Γ_∞ 为其无穷边界，I 为电流强度，$\delta(A)$ 为狄拉克函数，U 为 Ω

区域内任一点电位，σ 为介质电导率，n 为 Γ_S 的法向方向，r 是电源点至边界的距离。

3.1.4 异常电位的变分问题

由于异常电位法中将异常电导率分离，求解区域由两部分组成，因此文献［16］求解中仍然先构造泛函：

$$I(u)=\int_{\Omega}\left[\frac{1}{2}\sigma(\nabla u)^2+\sigma'\nabla u_0\nabla u\right]\mathrm{d}\Omega \tag{3.1.20}$$

其变分问题表示为：

$$\delta I(u)=\int_{\Omega_1}(\sigma_1\nabla u_1+\sigma'_1\nabla u_0)\nabla\delta u_1\mathrm{d}\Omega+\int_{\Omega_2}(\sigma_2\nabla u_2+\sigma'_2\nabla u_0)\nabla\delta u_2\mathrm{d}\Omega \tag{3.1.21}$$

由于求解区域为两部分，可分别进行求取区域 Ω_1 和 Ω_2 内积分，再由二者存在的共同边界 Γ 出发，在共同边界上有 $u_1=u_2$，即 $\delta u_1=\delta u_2$，同时结合在交界边界 Γ 上有 $\frac{\partial u_0}{\partial n_1}=-\frac{\partial u_0}{\partial n_2}$，分别将正常电位边界和异常电位边界代入可知异常电位与下列变分问题等价：

$$F(u)=\int_{\Omega}\left[\frac{1}{2}\sigma(\nabla u)^2+\sigma'\nabla u_0\nabla u\right]\mathrm{d}\Omega+\int_{\Gamma_\infty}\left[\frac{1}{2}\sigma\frac{\cos(r,n)}{r}u^2+\sigma'\frac{\cos(r,n)}{r}u_0u\right]\mathrm{d}\Gamma$$

$$\delta F(u)=0 \tag{3.1.22}$$

式(3.1.20)～式(3.1.22) 中字母含义：u_0 为正常电位，u 为异常电位，σ 为均匀介质电导率，σ'为异常区介质电导率，I 为电流强度，r 是电源点至边界的距离。

3.2 三维电场分布的有限元求解

有限单元法广泛用于岩土、结构及水利工程等多场领域数值模拟计算，它是以变分原理为基础，结合剖分插值理论形成的系统计算方法。采用有限单元法求解点源电场内各单元节点的电位，需先利用变分原理将电位求解中的微分问题转化为变分问题，跟泛函极小值求解问题建立联系；再通过离散连续求解区域，将转化而来的变分方程进行节点离散化处理，获得以节点求解电位为变量的线性方程组；最后通过数学手段求解方程组即可获得离散节点的电位值，通过节点电位值的分布状况可表征点源电场的空间分布规律。

3.2.1 总电位的计算

由参考文献 [16]，有限单元法求解需进行研究区域和变分离散化，采用六面体单元将区域目标进行剖分，每个剖分六面体单元有八个角点，如图 3.2.1 所示。

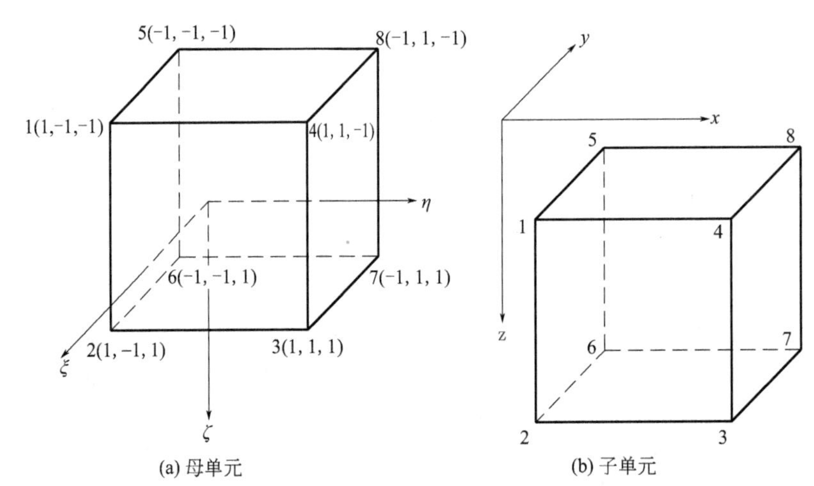

图 3.2.1　剖分单元

单元中电位采用三线性插值，则其插值函数可表示为

$$U=\sum_{i=1}^{8} N_i U_i \tag{3.2.1}$$

其中 $U_i(i=1,2\cdots\cdots8)$ 是剖分六面体单元各顶点的待定值，N_i 为插值函数，$N_i(i=1,2\cdots\cdots8)$ 可表示为：

$$N_i=\frac{1}{8}(1+\xi_i\xi)(1+\eta_i\eta)(1+\zeta_i\zeta) \tag{3.2.2}$$

式中　ξ,η,ζ——母单元坐标。

将式(3.1.19) 中的积分分解为各单元 e 上的积分，即

$$\int_\Omega \frac{1}{2}\sigma(\nabla U)^2 \mathrm{d}\Omega=\int_\Omega \frac{1}{2}\sigma\left[\left(\frac{\partial U}{\partial x}\right)^2+\left(\frac{\partial U}{\partial y}\right)^2+\left(\frac{\partial U}{\partial z}\right)^2\right]\mathrm{d}x\mathrm{d}y\mathrm{d}z \tag{3.2.3}$$

解其可得：

$$\begin{aligned}\int_\Omega \frac{1}{2}\sigma(\nabla U)^2 \mathrm{d}\Omega&=\int_\Omega \frac{1}{2}\sigma\left[\left(\frac{\partial U}{\partial x}\right)^2+\left(\frac{\partial U}{\partial y}\right)^2+\left(\frac{\partial U}{\partial z}\right)^2\right]\mathrm{d}x\mathrm{d}y\mathrm{d}z\\&=\frac{1}{2}(U_i)^{\mathrm{T}}(k_{ij})(U_i)\end{aligned} \tag{3.2.4}$$

其中：$k_{ij}=\int_\Omega \sigma\left[\frac{\partial N_i}{\partial x}\left(\frac{\partial N_i}{\partial x}\right)^{\mathrm{T}}+\frac{\partial N_i}{\partial y}\left(\frac{\partial N_i}{\partial y}\right)^{\mathrm{T}}+\frac{\partial N_i}{\partial z}\left(\frac{\partial N_i}{\partial z}\right)^{\mathrm{T}}\right]\mathrm{d}x\mathrm{d}y\mathrm{d}z=$

$$\int_{\Omega}\sigma\left[\left(\frac{dN_i}{d\xi}\frac{d\xi}{dx}\right)\left(\frac{dN_j}{d\xi}\frac{d\xi}{dx}\right)+\left(\frac{dN_i}{d\eta}\frac{d\eta}{dy}\right)\left(\frac{dN_j}{d\eta}\frac{d\eta}{dy}\right)+\left(\frac{dN_i}{d\zeta}\frac{d\zeta}{dz}\right)\left(\frac{dN_j}{d\zeta}\frac{d\zeta}{dz}\right)\right]\frac{1}{8}abc\,d\xi d\eta d\zeta$$

又 $N_i=\frac{1}{8}(1+\xi_i\xi)(1+\eta_i\eta)(1+\zeta_i\zeta)$，对 ξ、η、ζ 进行微商后，再对上式进行积分可以求得 k_{ij}，且有 $k_{ij}=k_{ji}$，其中 k_{ji} 为单元节点矩阵。

由于积分 $\int_{\Omega}2I\delta(A)U\,d\Omega=U_A I$ 只与电源点的 U_A 有关。即：

$$\frac{1}{2}\int_{\Gamma_\infty}\sigma\frac{\cos(r,n)}{r}U^2\,d\Gamma=\frac{1}{2}(U_i)^{\mathrm{T}}k(U_i) \tag{3.2.5}$$

式中 σ——均匀介质电导率；

r——电源点至边界的距离；

n——Γ 法向方向；

U_i——节点电位；

k——单元系数矩阵。

将式(3.2.4) 和式(3.2.5) 代入式(3.1.19) 中可得 e 单元积分 $F_e(U)$ 的各项，再扩展成由全体节点组成的矩阵，最后由全部单元积分相加得：

$$F(U)=\sum F_e(U)=\sum\frac{1}{2}(U_i)^{\mathrm{T}}(k_{ij}+k)(U_i)-U_A I \tag{3.2.6}$$

式中 I——电流强度；

U_A——点源电位。

上式无法进行直接求解，故仍需对其进行转化：

$$F(U)=\frac{1}{2}(U_i)^{\mathrm{T}}K(U_i)-U^{\mathrm{T}}S \tag{3.2.7}$$

其中：$K=\sum(k_{ij}+k)$，$S=(0\cdots\cdots U_A\cdots\cdots 0)^{\mathrm{T}}$

对式(3.2.7) 求变分，并令其等于零，得线性方程组：

$$KU=S \tag{3.2.8}$$

式中 K——总体刚度矩阵；

S——供电点列向量。

求解上面方程组可得到各节点的电位 U。

3.2.2 异常电位的计算

异常电位计算方法与总电位的计算类似。

$$\int_{\Omega}\frac{1}{2}\sigma(\nabla u)^2\,d\Omega=\int_{\Omega}\frac{1}{2}\sigma\left[\left(\frac{\partial u}{\partial x}\right)^2+\left(\frac{\partial u}{\partial y}\right)^2+\left(\frac{\partial u}{\partial z}\right)^2\right]dx\,dy\,dz=\frac{1}{2}(U_i)^{\mathrm{T}}(k_{ij})(U_i) \tag{3.2.9}$$

其中：$k_{ij}=\int_{\Omega}\sigma\left[\frac{\partial N_i}{\partial x}\left(\frac{\partial N_i}{\partial x}\right)^{\mathrm{T}}+\frac{\partial N_i}{\partial y}\left(\frac{\partial N_i}{\partial y}\right)^{\mathrm{T}}+\frac{\partial N_i}{\partial z}\left(\frac{\partial N_i}{\partial z}\right)^{\mathrm{T}}\right]\mathrm{d}x\mathrm{d}y\mathrm{d}z=$

$$\sigma\sum_{i=1}^{8}\int_{-1}^{1}\int_{-1}^{1}\left[\left(\frac{\mathrm{d}N_i}{\mathrm{d}\xi}\frac{\mathrm{d}\xi}{\mathrm{d}x}\right)\left(\frac{\mathrm{d}N_j}{\mathrm{d}\xi}\frac{\mathrm{d}\xi}{\mathrm{d}x}\right)+\left(\frac{\mathrm{d}N_i}{\mathrm{d}\eta}\frac{\mathrm{d}\eta}{\mathrm{d}y}\right)\left(\frac{\mathrm{d}N_j}{\mathrm{d}\eta}\frac{\mathrm{d}\eta}{\mathrm{d}y}\right)+\left(\frac{\mathrm{d}N_i}{\mathrm{d}\zeta}\frac{\mathrm{d}\zeta}{\mathrm{d}z}\right)\left(\frac{\mathrm{d}N_j}{\mathrm{d}\zeta}\frac{\mathrm{d}\zeta}{\mathrm{d}z}\right)\right]$$

$\frac{1}{8}abc\,\mathrm{d}\xi\mathrm{d}\eta\mathrm{d}\zeta$

$N_i=\frac{1}{8}(1+\xi_i\xi)(1+\eta_i\eta)(1+\zeta_i\zeta)$，对 ξ、η、ζ 进行微商后，再进行积分便可求得 k_{ij}。

同理：$\int_{\Omega}\sigma'\,\nabla u_0\nabla u\mathrm{d}\Omega=\int_{\Omega}\sigma'\left[\left(\frac{\partial u_0}{\partial x}\right)\left(\frac{\partial u}{\partial x}\right)+\left(\frac{\partial u_0}{\partial y}\right)\left(\frac{\partial u}{\partial y}\right)+\left(\frac{\partial u_0}{\partial z}\right)\left(\frac{\partial u}{\partial z}\right)\right]\mathrm{d}x\mathrm{d}y\mathrm{d}z$

$$=\sigma'(u_i)^{\mathrm{T}}(k_{ij})''(u_{0i})^{\mathrm{T}}(i,j=1.2\cdots\cdots8) \qquad (3.2.10)$$

由参考文献［16］，求解式 $\int_{\Gamma_\infty}\left[\frac{1}{2}\sigma\frac{\cos(r,n)}{r}u^2+\sigma'\frac{\cos(r,n)}{r}u_0u\right]\mathrm{d}\Gamma$ 中，选取单元 e 的一个面 1234 视为落在无穷远的边界上，则 $D=\frac{\cos(r,n)}{r}$ 可以视为常数，则边界积分为：

$$\int_{1234_\infty}\left[\frac{1}{2}\sigma\frac{\cos(r,n)}{r}u^2\right]\mathrm{d}\Gamma=\frac{\sigma}{2}(u_i)^{\mathrm{T}}k'(u_i) \qquad (3.2.11)$$

$$\int_{1234}\left[\sigma'\frac{\cos(r,n)}{r}u_0u\right]\mathrm{d}\Gamma=\sigma'(u_i)^{\mathrm{T}}k''(u_{0i})^{\mathrm{T}} \qquad (3.2.12)$$

式中 σ——均匀介质电导率；
σ'——异常区介质电导率；
r——电源点至边界的距离；
Γ——异常区的边界；
n——Γ 法向方向；
U_i——节点电位；
k'——异常电位单元系数矩阵；
k''——正常电位单元系数矩阵；
u_{0i}——正常点电位；
u_i——异常点电位。

在单元内将式(3.2.9)～式(3.2.12) 的积分结果相加，再扩展成全体节点组成的矩阵，将所有剖分单元进行累加即可得：

$$F(u)=\frac{1}{2}u^{\mathrm{T}}Ku+u^{\mathrm{T}}K'u_0 \qquad (3.2.13)$$

其中：$u^{\mathrm{T}}=\sum(u_i)^{\mathrm{T}}$，$u=\sum(u_i)$，$u_0=\sum(u_{0i})^{\mathrm{T}}$

对上式求变分，并令其等于零可得：

$$Ku+K'u_0=0 \tag{3.2.14}$$

式中 u_0——正常电位；

u——异常电位；

K，K'——分别为异常电位和正常电位的总体刚度矩阵。

3.3 三维电场分布的有限元模拟实现

对比总电位法和异常电位法的边界条件发现，二者的刚度系数矩阵 K、K' 均与扩展前积分边界 $D=\cos(r,n)/r$ 有关，即边界积分项与点源点位置有关，因此每次移动点源的位置，刚度系数矩阵需重新进行计算，然后求解线性方程组，计算量巨大。为降低计算量，阮百尧[17]、黄俊革[19～23] 分别修改总电位和异常电位边界条件为齐次边界条件，从而对计算方法进行改进，使计算速度显著提高；吴小平[27][134～136] 等人采用不同的求解方法对正演稀疏矩阵的求取速度进行了优化。在上述研究的基础上，本书主要从程序的编译运行环境、计算数据的存储和读取、开源计算程序的调用等方面，进行三维电场分布计算加速优化。

3.3.1 Delphi 语言开发环境

Borland 公司面向全球推出的 Delphi 第四代编程语言开发工具，具有开发高效，运行稳定、快速等优点，并且较之于传统的 Fortran、C＋＋、VB 等编程语言，Delphi 语言语句更加灵活，更加容易被初学者掌握。同时，该语言自身携带的丰富数据库文件，在计算过程中可直接调用，大大减少计算编程的工作量。此外，Delphi 语言还支持跨平台数据库调用，开发者可轻松实现界面开发、数据库计算存储、调用编辑图像工具等。

此外，Delphi 语言还具有其他开发语言不具备的一个特点，其自身的 Delphi FireMonkey 具有计算机加速性能，自动使计算加速达到最大化，对有限元正演计算大型稀疏矩阵可很好地匹配，因此，本书在三维电场分布计算程序开发中选用 Delphi 语言作为开发环境，开发界面见图 3.3.1。

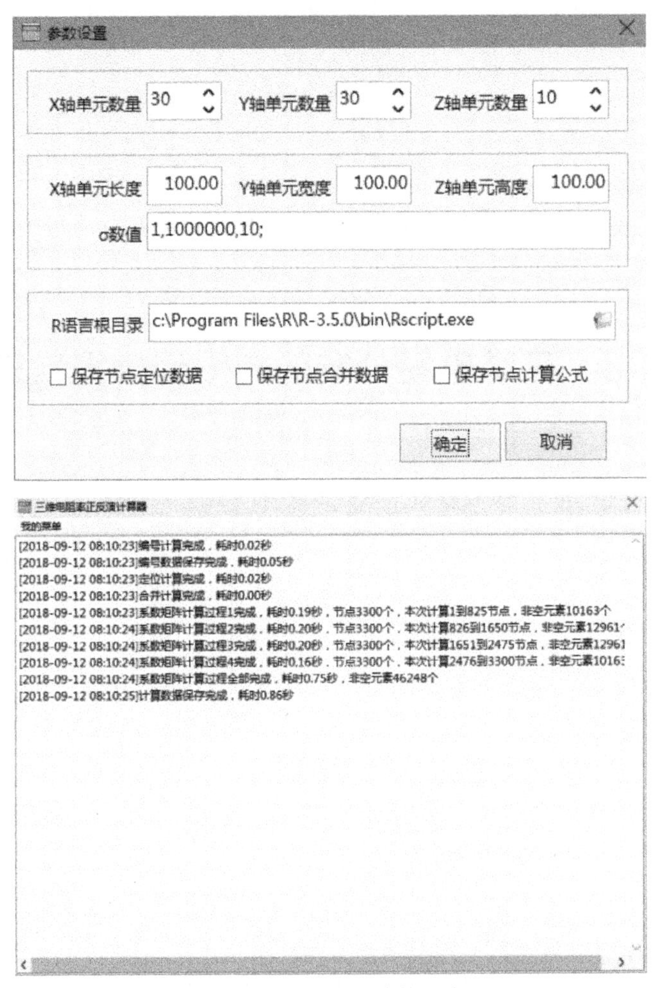

图 3.3.1　三维电场分布计算程序界面图

3.3.2　三维电场模拟分析的实现过程

根据有限元计算原理，首先进行计算区域剖分，将完整区域进行单元离散，再根据离散后的单元，计算由每个节点生成的系数矩阵，按照对号入座的原则将得到的单元系数矩阵合成到总体的系数矩阵中，组建总体系数矩阵。流程图如图 3.3.2（节点编号见附录 1）。

有限单元法数值模拟具体实现过程如下。

① 区域离散，设置模型参数。在三维坐标系下，离散得到在 X、Y 和 Z 轴方向上单元格数量，即确定每个单元格的长、宽、高和单元电导率值。

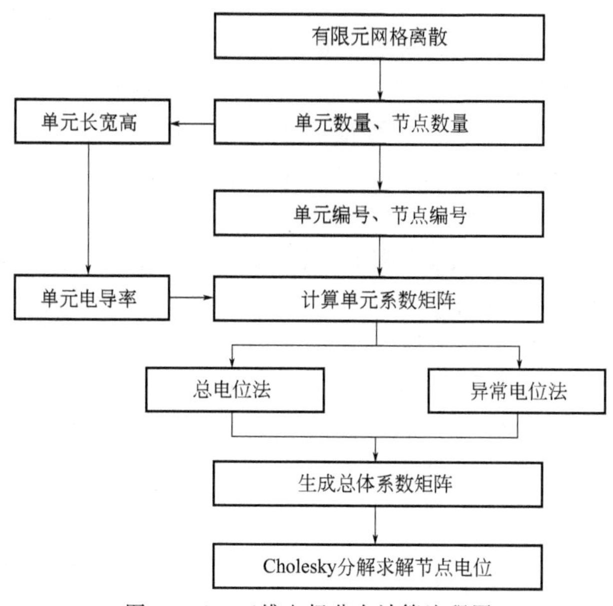

图 3.3.2　三维电场分布计算流程图

② 由确定的单元格长宽高及电导率值计算每个单元格节点上的 k_{1e} 和 k_{2e}，并最终生成单元系数矩阵 k。

③ 根据节点编号规则，得到离散后模型的每个节点与三维坐标的对应关系。

④ 计算每个单元格内部 8 节点与三维坐标的对应关系。

⑤ 根据步骤③④计算的结果合并数据，获取三维坐标系下每个坐标点对应的节点编号及其对应单元格的内部节点编号。

⑥ 根据步骤⑤计算的对应关系，再结合步骤②中计算的单元系数矩阵 k，生成总体刚度矩阵 K（异常电位法中可同时生成异常单元刚度矩阵 K'）。

⑦ 通过总电位发、异常电位法求取各节点电位值。

3.3.3　三维电场模拟分析的加速优化

随着迭代法、共轭梯度法、预共轭梯度法、松弛迭代法、超松弛迭代法、Cholosky 分解法等矩阵优化解法的广泛应用以及边界条件的简化应用，三维电场分布求解方法加速提升的空间已不大，而求解过程中大量数据的频繁存储、调用却存在很大的速度提升空间。基于此，本书在查阅大量文献的基础上采用以下两种方式进行三维电场分布模拟的加速优化。

① R 语言求解加速优化。R 语言是一种免费开源、功能强大和易于使用的工具类软件，同时它还是一种与 Matlab 类似的统计分析软件，其计算运行速度

是各统计分析软件中最快的。因此本书在优化时采用R语言函数进行矩阵分解计算，在提高计算速度的同时避免出错。在三维电场分布计算过程中，通过Delphi语言强大的调用功能直接调取R语言进行高阶矩阵的Cholesky分解和反代求解，保证了计算效率的同时也保证了计算的准确性。

采用R语言求解优化过程如下：首先对三维电场分布求解过程中形成的总刚度矩阵K进行Cholesky分解，获得矩阵L和L^T（$K=L\times L^T$）；其次根据模型参数设置，以测线为单位，获取模型表层的节点编号（数量为N），对这些节点逐一进行赋值，即施加电压的节点数值为1，其余数值全部为0，从而生成N个列向量$\boldsymbol{P}$；根据步骤运算规则，先带入L^T和$\boldsymbol{P}$求解中间向量$\boldsymbol{Y}$，再代入L和$\boldsymbol{Y}$求解最终的向量$\boldsymbol{U}$，并对生成的N个向量$\boldsymbol{P}$进行N次计算（即N次正演），最终计算得出N个向量$\boldsymbol{U}$，获得了表层中某个节点施加电压后其他节点的电位值，并将每次计算结果的各节点电位值存于SQLite数据库中方便后续数据的调用和计算。

实施过程见图3.3.3。

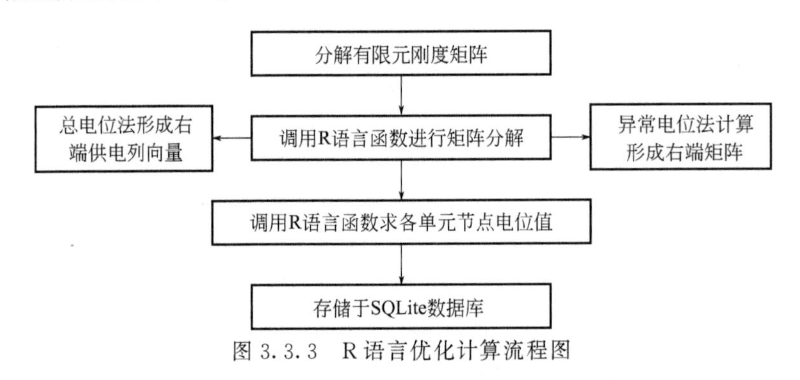

图3.3.3　R语言优化计算流程图

② SQlite内存数据库存储调用加速优化。

a. SQlite内存数据库特点。有限元三维电场分布计算过程中，由于离散单元会产生大量的节点，根据有限元原理，节点相互作用过程中会产生零元素，这些零元素与非零元素混在一起形成了大型的正定稀疏矩阵，此矩阵整体存储会占用很大的内存，因此许多学者为计算方便快捷，针对性地提出了不同的压缩存储方式，徐世浙[16]分别采用了定带宽、变带宽存储方式，吴小平[27]采用PCG-PAK压缩存储方式，李智明[137]采用四面体一维压缩存储方式进行元素存储，上述存储方式各有特点，但都无可避免地耗费了计算机的物理内存，内存耗费过大直接导致计算速度降低。

针对上述计算效率问题，本书采用SQLite数据库存储予以解决。运用这种方法可以很好地解决计算过程中大量数据存储、调用时间过长的问题，可以大大提升计算机运行速度。首先，作为嵌入式数据库，SQLite提供了简单有效处理海量数据的方式，运算过程中产生的数据打破了原有的磁盘、文件读写方式，直接将数据做内存变量处理，这种处理方式与传统直接存储的处理方式完全不同，计算运行速度会大大加快；其次，SQLite 数据库临时数据集作用明显，许多三维电场分布计算过程中的临时数据可直接存储于数据库中，不需要反复读写磁盘，最大限度地腾空运算空间，加快了数据的存储、调用速度；最后，SQLite 数据库中数据查询方便快捷，计算数据加载于 SQLite 数据库中可随时查询、提取数据，计算过程方便快捷，较好地提高了计算效率。

b. SQLite 内存数据库加速实现过程。本书在有限元三维电场分布计算过程中，采用以下方式实现计算过程。具体见图 3.3.4。

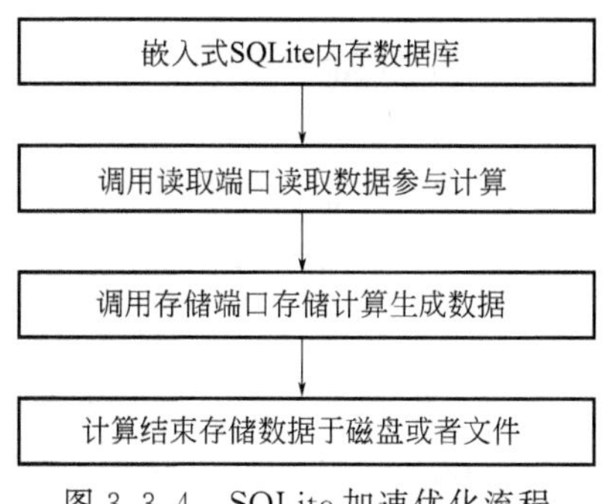

图 3.3.4 SQLite 加速优化流程

③ 优化对比分析。SQLite 数据库的特点能很好地解决有限元三维电场计算过程中大型稀疏矩阵的存储和调用问题，通过 SQLite 数据库参与的有限元三维电场计算速度可大大提高。为了进一步对比说明采用 SQLite 数据库存储在有限元计算方面的速度优势，本书采用配置为 Intel（R）Core（TM）i5-6200U 处理器，8G 内存，64 位 Win7 操作系统的计算机与文献［29］2.5 算例验证中 2 层地层模型正演计算做对比分析，对比结果见表 3.3.1。

表 3.3.1 不同电场分布计算方法所需内存及计算时间对比表

运行计算环境	计算方法	内存占用/B	迭代次数	耗时/s
文献计算机	高斯消元法	625160	—	430
	Cholosky 分解法	3122808	—	307
	SSOR-PCG 算法	228060	378	190
	JPCG 算法	92592	423	35
本文计算机	Cholosky 分解法	2481365	—	242
	调用 R 语言 Cholosky 分解＋SQLite 数据库	55626	—	25

通过对比分析可知，在不同运行环境下，采用 Cholosky 分解法，本书运算环境较文献运算环境速度提升了 21%，内存约降低了 20%。同在本书运算环境下，采取调用 R 语言 Cholosky 分解与 SQLite 数据库相结合的计算和数据处理

手段，比单纯地采用 Cholosky 分解法的运算速度提高了 87%，内存耗用量降低了 98%。与文献中复杂的 JPCG 算法相比，速度提高约了 28%，内存耗用量降低了 40%。通过采用简单的 Cholosky 分解法，并采取调用开源软件 R 语言和 SQLite 数据库存储相结合的加速优化方法计算土石堤坝三维电场分布，结果表明，相比采用复杂的 JPCG 算法，总体计算速度提高了 7%，内存耗用量减少了约 20%。由此可见，采用调用 R 语言 Cholosky 分解和 SQLite 数据库相结合的方式进行三维电场分布计算加速优化，不仅可以大大降低计算机物理内存消耗量，还可显著提高计算速度，方法简单易行。

3.3.4 三维电场模拟分析算例

为验证点源电场下总电位法和异常电位法的计算精度，同时对比加速优化措施下大型稀疏矩阵的求解效率，本书选取以下两种模型模拟计算。

(1) 层状模型

在均匀半空间中设置二层介质模型，第一层介质电阻率为 10Ω·m，厚度为 3m，第二层介质电阻率为 100Ω·m，厚度为 3m，电流强度 1A。采用 40×40×20=32000 个的网格剖分，耗时 5.23s。计算结果见表 3.3.2 及图 3.3.5。

表 3.3.2 解析法、总电位法及异常电位法数值解对比

距点源点距离/m	解析解电位值/V	总电位法电位值/V	异常电位法电位值/V	总电位法误差/%	异常电位法误差/%
1	2.970752	1.820982	2.939730	38.70	1.04
2	2.110591	2.143976	2.099060	1.58	0.55
3	1.765803	1.729368	1.759875	2.06	0.34
4	1.582877	1.543936	1.565690	2.46	1.09
5	1.398492	1.370546	1.397796	2.00	0.05
6	1.277906	1.261179	1.277791	1.31	0.01
7	1.179657	1.154376	1.179501	2.14	0.01
8	1.097420	1.063237	1.097398	3.11	0.00
9	1.026941	0.999478	1.027043	2.67	0.01
10	0.965794	0.952237	0.965548	1.40	0.03
11	0.912035	0.894479	0.912246	1.92	0.02
12	0.864235	0.835831	0.864370	3.29	0.02
13	0.821342	0.793459	0.821419	3.39	0.01
14	0.782575	0.761716	0.783060	2.67	0.06
15	0.741062	0.727280	0.739680	1.86	0.19
平均误差/%				4.7	0.23

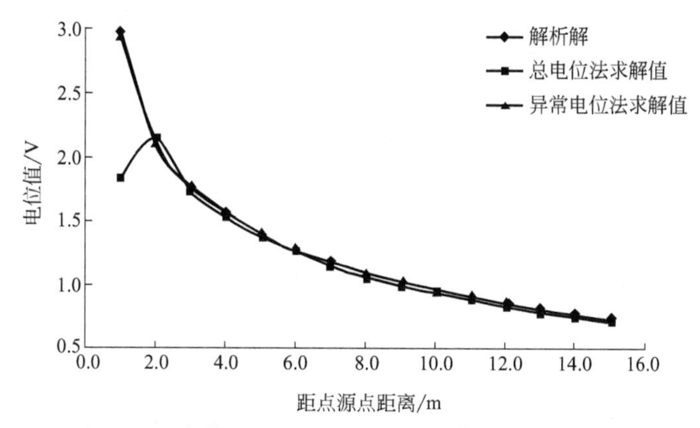

图 3.3.5　解析法、总电位法及异常电位法数值解对比

由表 3.3.2 及图 3.3.5 知，总电位法的平均误差为 4.7%，异常电位法的平均误差为 0.23%，二者差别较大，尤其在点源附近，由于总电位点源奇异值影响导致其误差达 38.7%，而异常电位法可消除点源奇异值，因此其误差率较小，精度较高，与解析求解曲线基本完全拟合。

（2）高低阻混合模型

在均匀半空间介质电阻率为 100Ω·m，其中存在一个低阻体 10Ω·m，一个高阻体 1000Ω·m，低、高阻埋深均为 2m，低阻体大小为 4m×4m，高阻体大小为 5m×5m，网格间距 0.5m，采用温纳装置，共 33 根电极，电极距 1m，平面图如图 3.3.6。

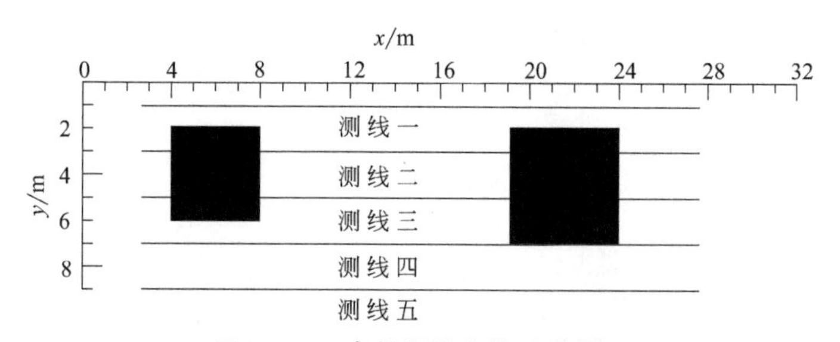

图 3.3.6　高低阻混合模型平面图

对每条测线进行电阻率成像，如图 3.3.7 所示。

由图 3.3.7 数据模拟结果可以清楚显示高低阻的对比值及相对位置，结合图 3.3.6 模型可知，测线一和测线五距离异常体有一定距离，故二者高低阻的差异性不是特别明显，测线一高低阻均有异常显示，距离更远的测线五则没有异常显示；测线二、测线三由于刚好布置于异常体的上方，故高、低阻异常对比差异明显。

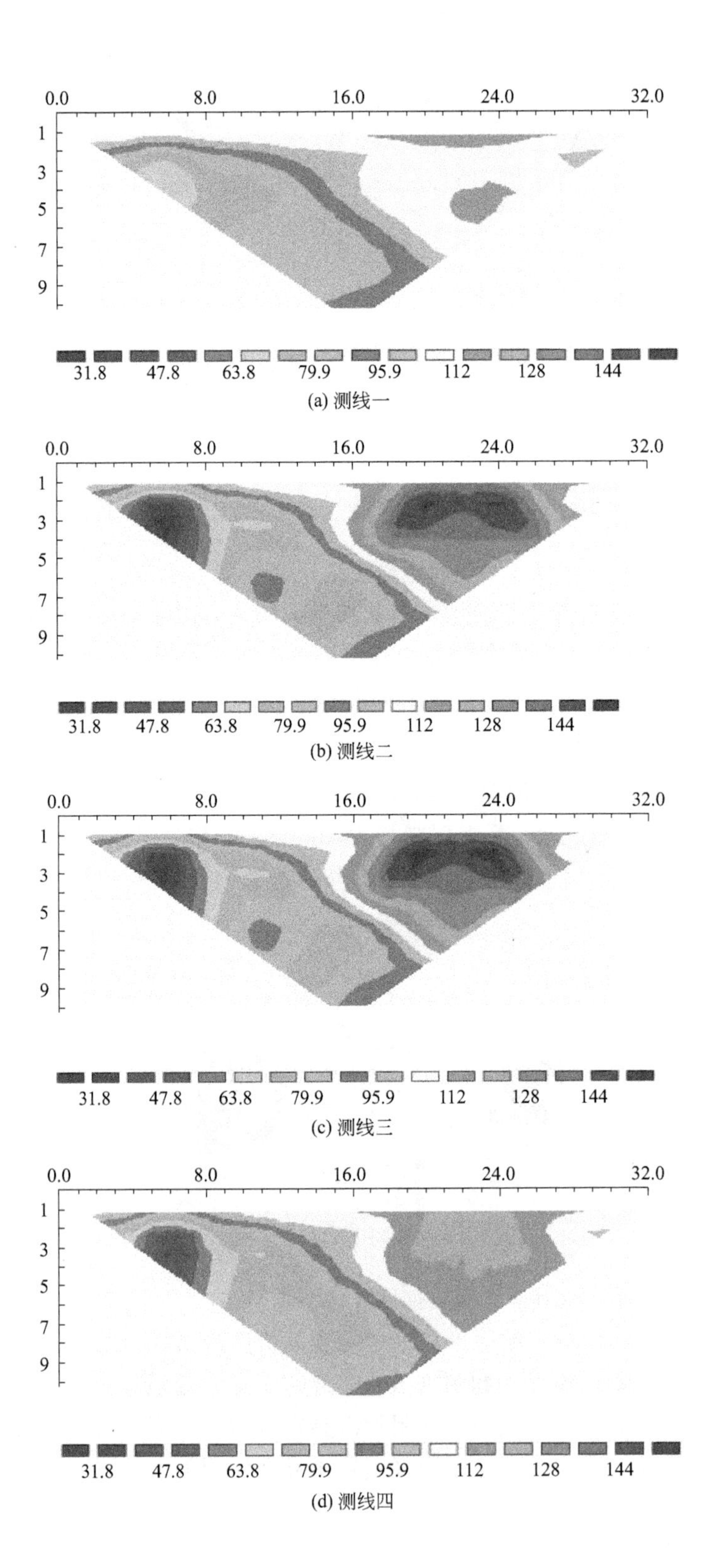

(a) 测线一

(b) 测线二

(c) 测线三

(d) 测线四

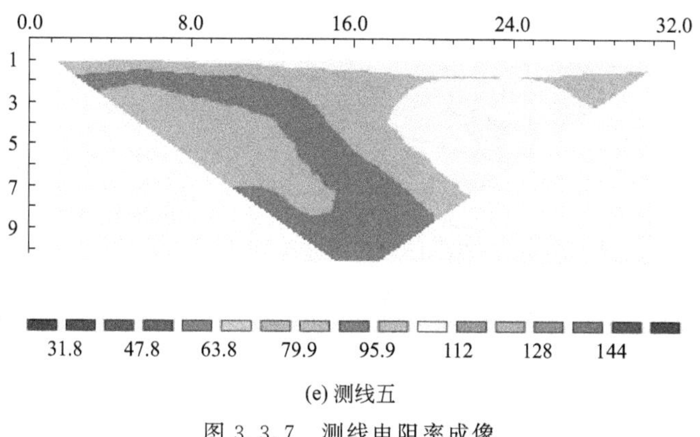

(e) 测线五

图 3.3.7 测线电阻率成像

3.4 三维电场分布规律的数值计算与分析

3.4.1 土石坝体材料电阻率变化规律

由于材料差异会对土石堤坝三维电场分布产生影响，因此明确均质堤坝材料电阻率变化规律对获取隐患土石堤坝三维电场分布至关重要。根据参考文献 [69]，在已知模型土颗粒、石颗粒、水的电阻率及土石比、含水率、孔隙率条件下可确定模型电阻率为 ρ_1。

为对比显示均质堤坝坝体材料电阻率变化规律，本书采用模型土颗粒电阻率为 $\rho_s=400\Omega\cdot m$，密度为 $\gamma_s=2.52g/cm^3$；石颗粒电阻率为 $\rho_r=526\Omega\cdot m$，密度为 $\gamma_r=2.68g/cm^3$；水的电阻率 $\rho_w=11.2\Omega\cdot m$，密度为 $\gamma_w=1.00g/cm^3$，由上述参数确定模型在不同孔隙率（$n=0.3\sim0.45$）、含水率（$w=6\%\sim12\%$）和土石比（$f=9:1$，$7:3$，$5:5$，$4:6$）条件下的电阻率，其随各主要影响因素变化规律如图 3.4.1 所示。

由图 3.4.1 分析知：不同土石比模型在相同含水率和孔隙率条件下，电阻率总体呈减小趋势，但变化幅度很小，最大变化率约 0.3%；在相同土石比和孔隙率条件下，模型电阻率随含水率增大而减少；在相同土石比和含水率条件下，模型电阻率随孔隙率增大而增大。

由于多相土石复合介质中气相的导电性能很差，近乎绝缘体，因此模型骨架颗粒间的孔隙率越大，模型的导电性能越差，电阻率越高。随着含水率增大，模型的导电结构发生变化，原高阻气相通道在逐渐含水后变为导体，从而导致整个

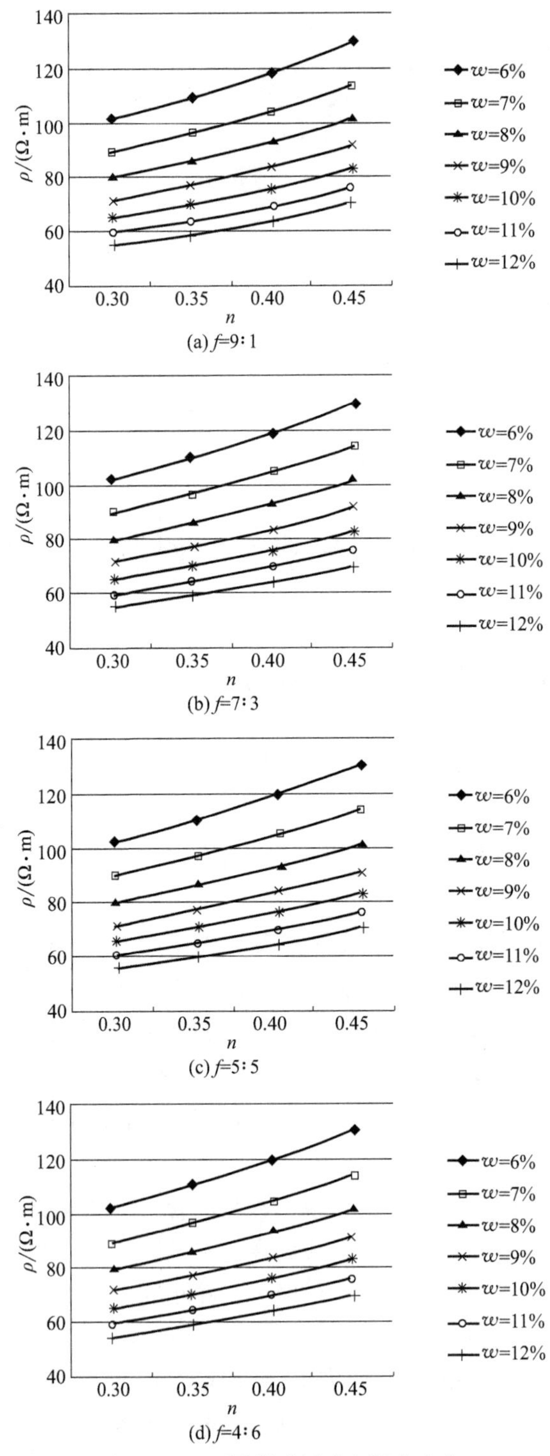

图 3.4.1　不同影响因素电阻率变化

模型电阻率降低，由于不同模型含水率跟饱和度相关，因此模型电阻率随饱和度增大而减小。

确定均质坝体材料电阻率变化主要影响因素后，进行含不同隐患土石堤坝三维电场分布规律研究。

3.4.2 均质堤坝三维电场分布数值模拟

为计算点源场中均质堤坝三维电场分布，首先输入计算模型尺寸及其在一定土石比、含水率及孔隙率条件下的理论计算值 $1/\rho_1$。本书以长为 32m，宽为 9m，高为 9m 的三维模型为例，选取土石比 7∶3，含水率 6%，孔隙率 0.3 时的电阻率，经理论计算 ρ_1 为 101.5Ω·m，模型计算输入参数如图 3.4.2 所示。

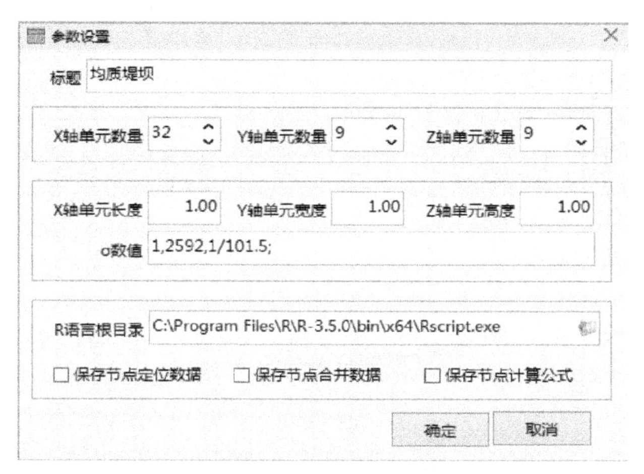

图 3.4.2 均质堤坝三维电场计算模型参数输入示意

参数设置完成后，按照长宽高各 1m 的单元对模型进行网格剖分，可获得 2592 个单元和 3300 个节点，将模型各单元赋予均质堤坝电导率，供电点位置选在坐标原点，电流强度 I 为 1A，采用有限单元法求得各节点电位值，耗时 2.73s 模型计算完成，如图 3.4.3 所示。

将获得电位计算值与理论解析解对比，对比结果如图 3.4.4 所示。由图 3.4.4 可以看出均质堤坝中三维电场的有限元计算值与第 2 章中的理论值完全相同。

将计算获得的模型各单元电位值用 Surfer 成图软件进行三维电阻率成像，即可获得均质堤坝在不同土石比、不同含水率、不同孔隙率条件下的电场分布图，限于篇幅，本书仅给出土石比 7∶3，含水率 6%，孔隙率 0.3 的均质堤坝三维电场分布图，如图 3.4.5 所示。

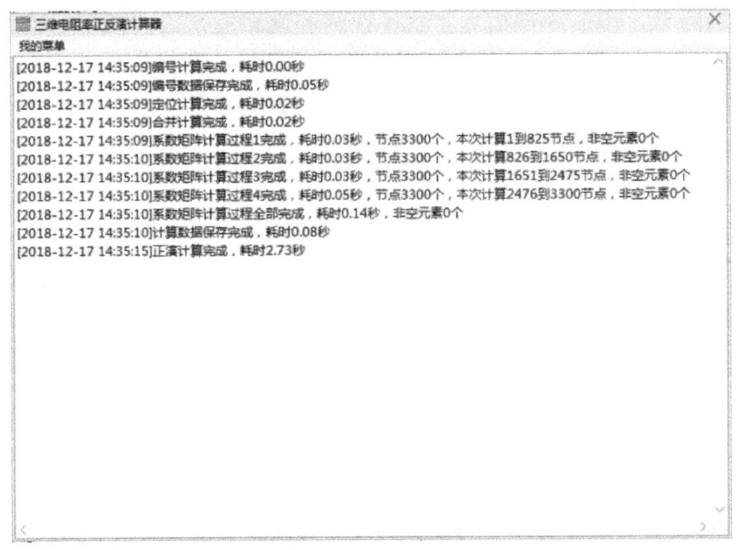

图 3.4.3　均质堤坝三维电场计算过程示意

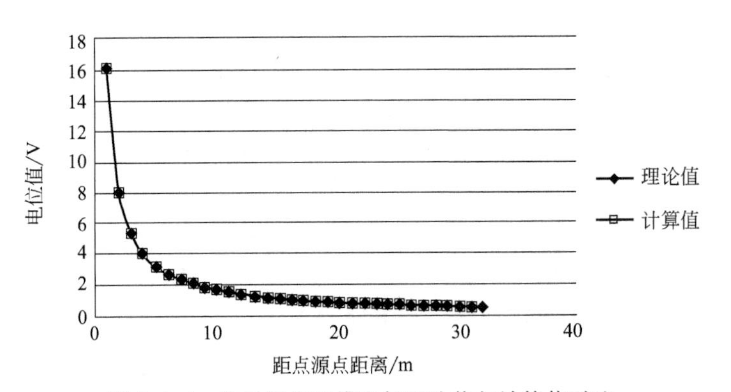

图 3.4.4　均质堤坝三维电场理论值与计算值对比

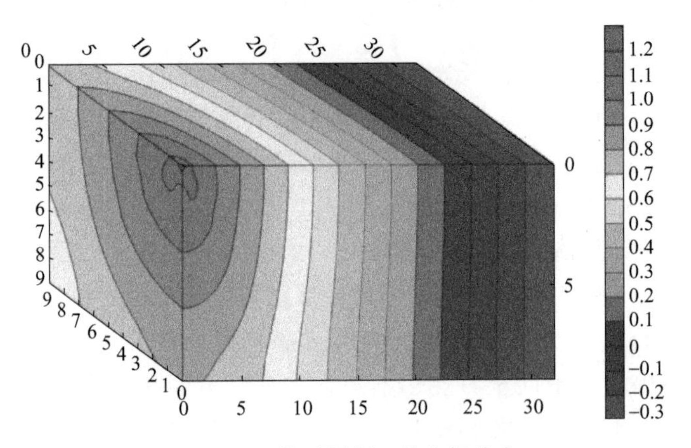

图 3.4.5　均质堤坝三维电场分布

为清楚显示内部电场分布规律，减少成图数据区间，在成图过程中对计算数据取对数运算，对运算结果图 3.4.5 进行 Y 轴切片显示，如图 3.4.6 所示。

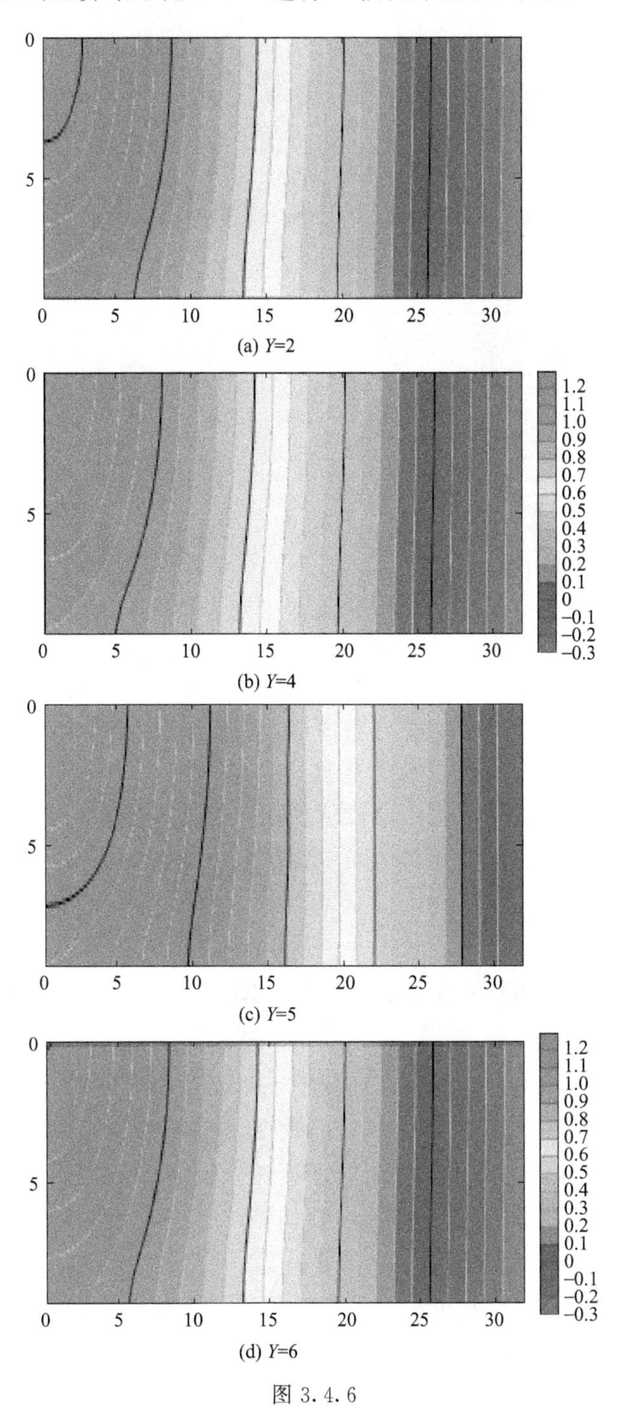

(a) Y=2

(b) Y=4

(c) Y=5

(d) Y=6

图 3.4.6

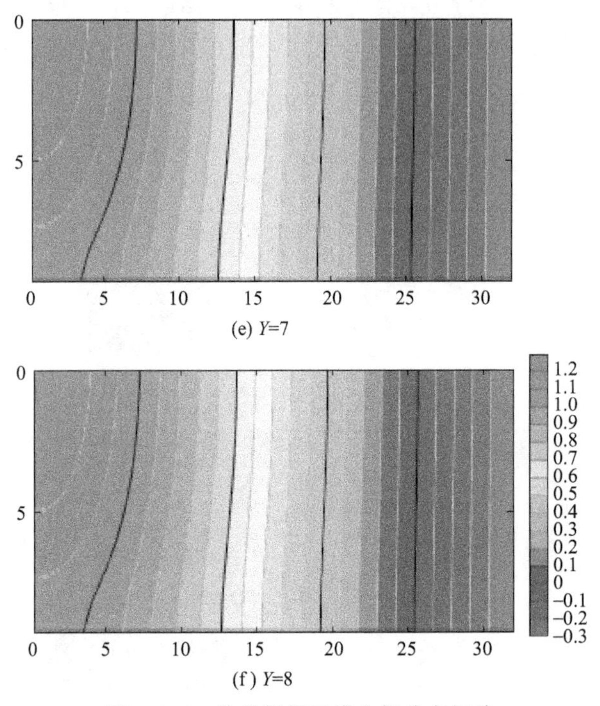

图 3.4.6　均质堤坝三维电场分布切片

由图 3.4.6 可以看出：均匀电场中电位等势线呈现以点源点为中心向外辐射发散的分布状态，且距离点源点越远，电位值越小，等势线发散半径越大，至最远处电位等势线近乎垂直；电位值变化速率随着距点源点距离的增大而减小，越靠近点源点电位值变化越大，中间位置变化较为平缓，距离点源点最远处变化最小。

3.4.3　含裂缝堤坝三维电场数值模拟

为准确获得非均质土石堤坝中裂缝的三维电场分布规律，本书仍采用土石比 7∶3，含水率 6%，孔隙率 0.3 时的均质模型电阻率 $\rho_1=101.5\Omega \cdot m$，模型尺寸为 32m×9m×9m，椭球状裂缝隐患体设置于模型距离 XZ 面边界为 4m，距 YZ 面边界为 15m，裂缝自坝顶向下 2m，裂缝最宽处 0.5m，模型如图 3.4.7 所示。

对该隐患模型进行有限单元法计算，仍采用前述网格划分方法对模型进行网格划分，可得 2592 个单元和 3300 个节点，将模型正常体单元赋予电导率 1/101.5，隐患体单元赋予空气电导率 1/10000，供电点位置选在坐标原点，

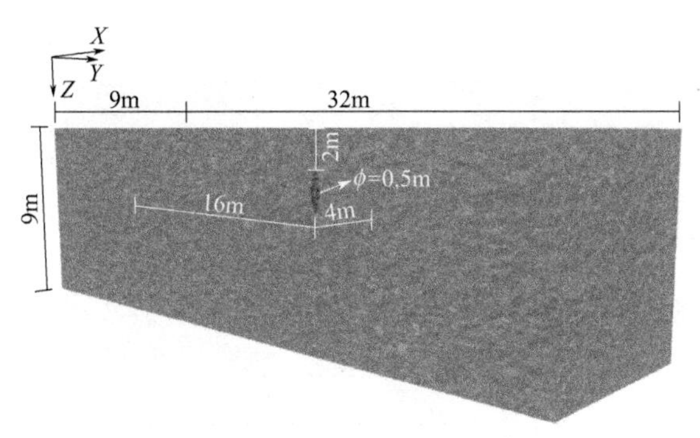

图 3.4.7　非均质堤坝裂缝隐患模型示意

点源点供电强度为 1A，对计算获得的单元节点电位值采用 Surfer 成像软件进行电位分布成像，在成像过程中仍然对模型计算数值取对数运算，所成三维图像如图 3.4.8 所示。

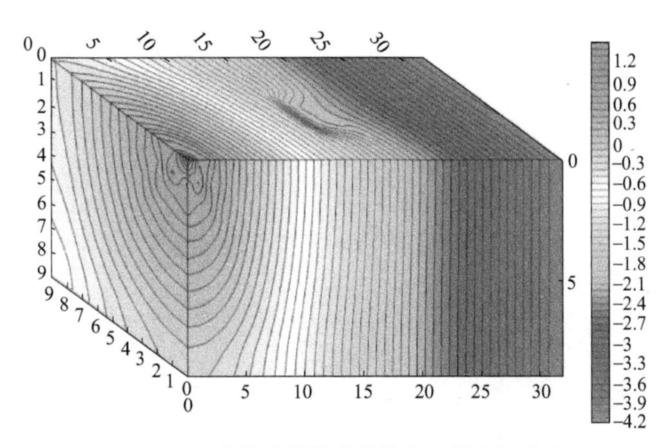

图 3.4.8　非均质堤坝裂缝隐患三维电场分布

对上述三维电场分布模型沿 Z 轴进行切片显示，如图 3.4.9 所示。

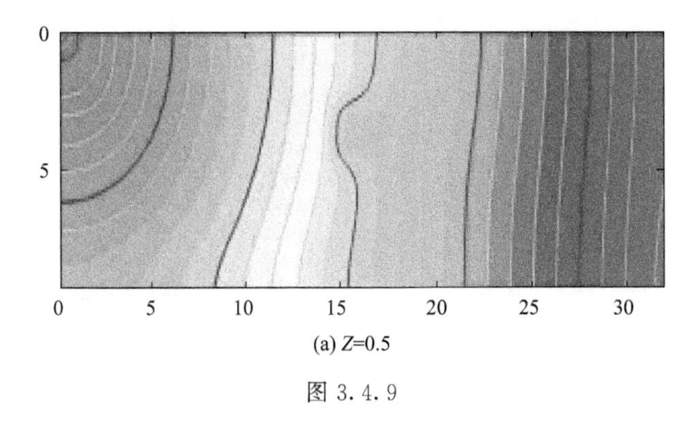

(a) Z=0.5

图 3.4.9

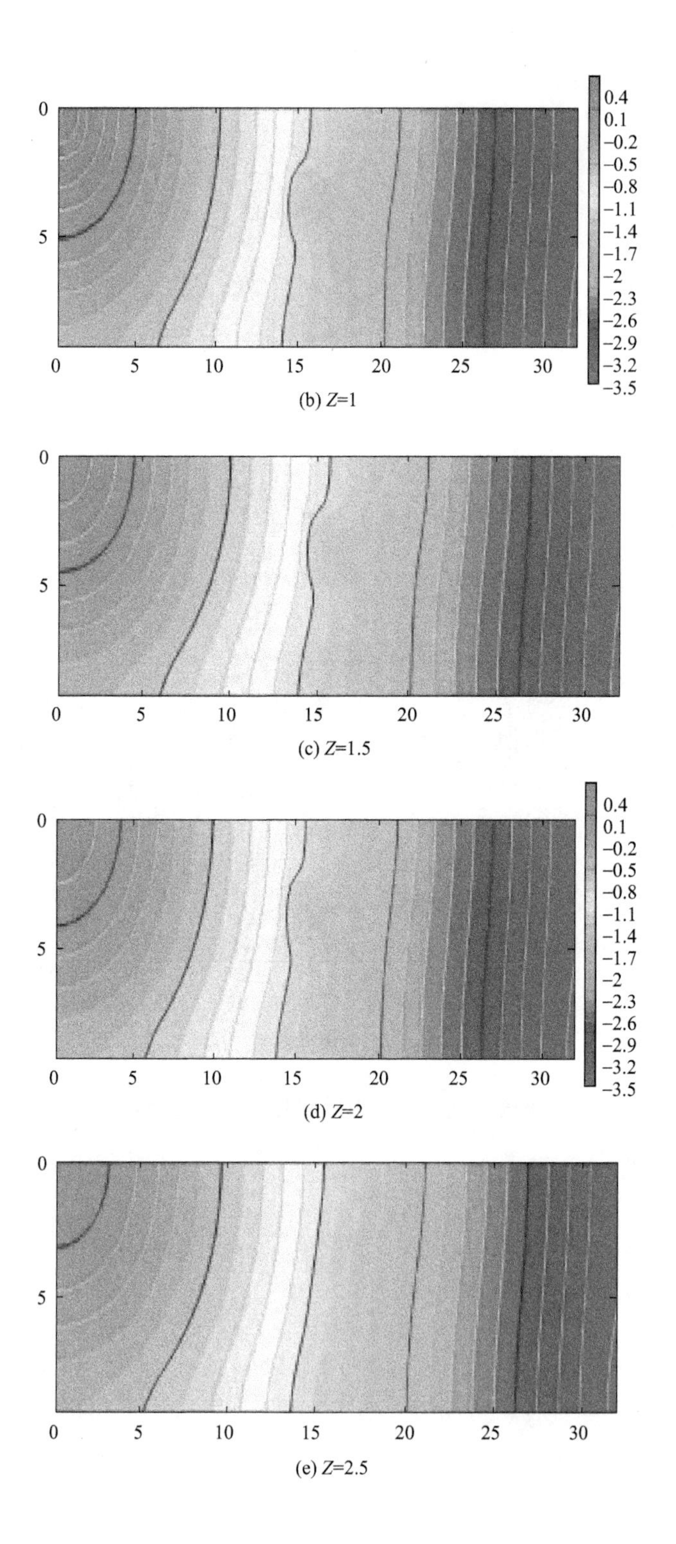

(b) Z=1

(c) Z=1.5

(d) Z=2

(e) Z=2.5

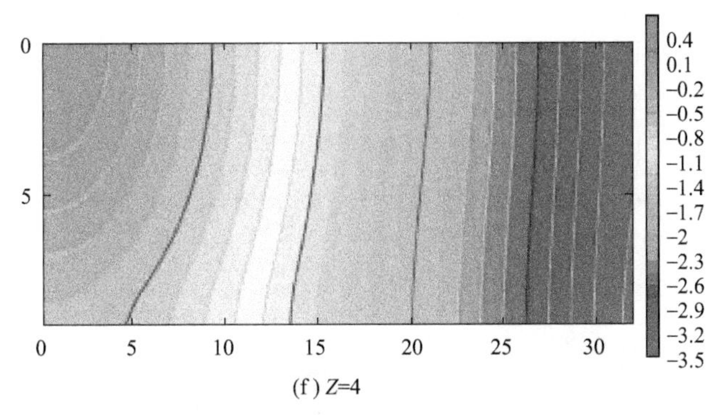

(f) Z=4

图 3.4.9　非均质堤坝裂缝隐患三维电场分布切片

由图 3.4.9 可以看出，点源电场中裂缝隐患三维电场总体呈现以下分布规律：裂缝的存在导致均质坝体电位等势线在隐患体位置发生“U”形弯曲，弯曲度随着深度的增大而减小，且向点源方向弯曲度大于背点源方向，弯曲连接段的长度随裂缝宽度增大而增大；隐患体之外的电场分布规律与无隐患均质堤坝基本相同，电位等势线呈以点源点为中心向坝体四周圆形发散分布，且距离点源点越远，发散圆的半径越大；由表层电位等势线分布可以看出，隐患体的存在导致相同位置的表层电位增大。

3.4.4　含洞穴堤坝三维电场数值模拟

同理，为清楚显示非均质堤坝中洞穴隐患的电场响应特征，本书取均质模型电阻率 $\rho_1=101.5\Omega\cdot m$，模型尺寸为 32m×9m×9m，内设洞穴隐患体，为计算方便单元网格划分，隐患设置中将球体扩充为 2m×2m×2m 的立方体，隐患体距离 XZ 面边界为 3m，距 YZ 面边界为 15m，埋深 2m，隐患球体为立方体的内切体，故球体中心与立方体中心重合，如图 3.4.10 所示。

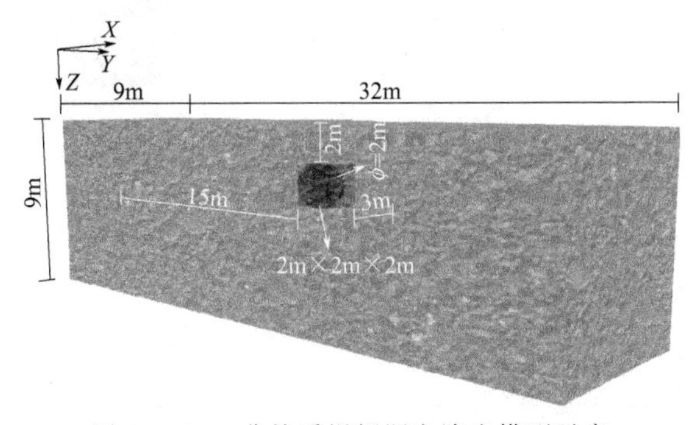

图 3.4.10　非均质堤坝洞穴隐患模型示意

对上述洞穴隐患模型进行有限单元法计算，按照长宽高各 1m 的单元对模型进行网格剖分，共可得 2592 个单元和 3300 个节点，将模型正常体单元赋予电导率 1/101.5，隐患体单元分别赋予空气电导率 1/1000 和水的电导率 1/11.2，供电点位置选在坐标原点，点源点供电强度为 1A，经计算可获得单元各节点电位值，对其进行 Surfer 成像，成像过程中仍对模型计算数值取对数运算，所成三维图像如图 3.4.11 所示。

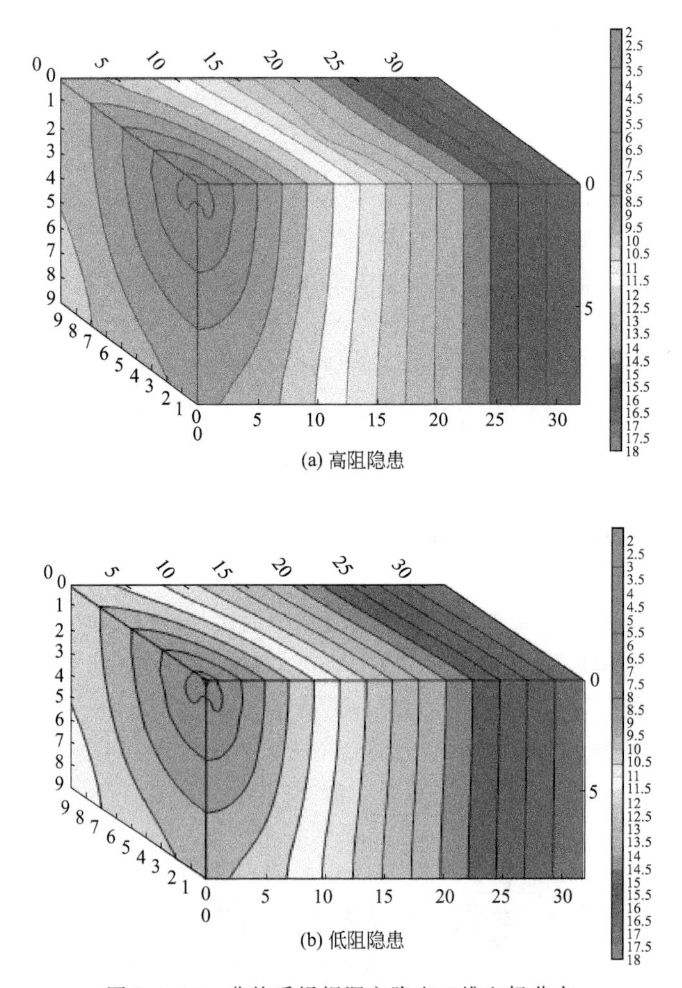

图 3.4.11　非均质堤坝洞穴隐患三维电场分布

为清楚显示三维模型内部电场分布规律，对图 3.4.11(a)、(b) 分别沿 Y 轴进行切片，$Y=2$，4，5，6，7，8 六张切片图分别如图 3.4.12、图 3.4.13 所示。

由图 3.4.12 和图 3.4.13 分析可知：点源电场中电位等势线在孔洞隐患体相应位置发生因“排斥”和“吸引”而产生的偏折。

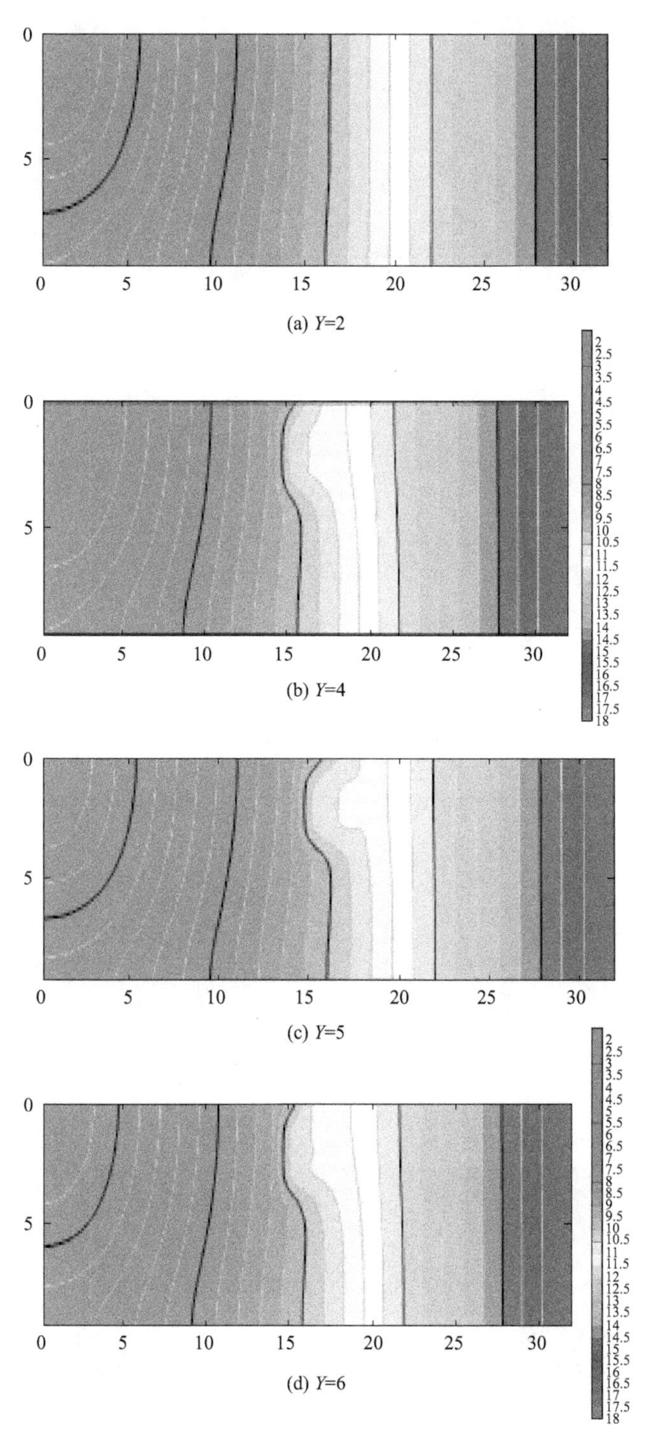

(a) Y=2

(b) Y=4

(c) Y=5

(d) Y=6

图 3.4.12

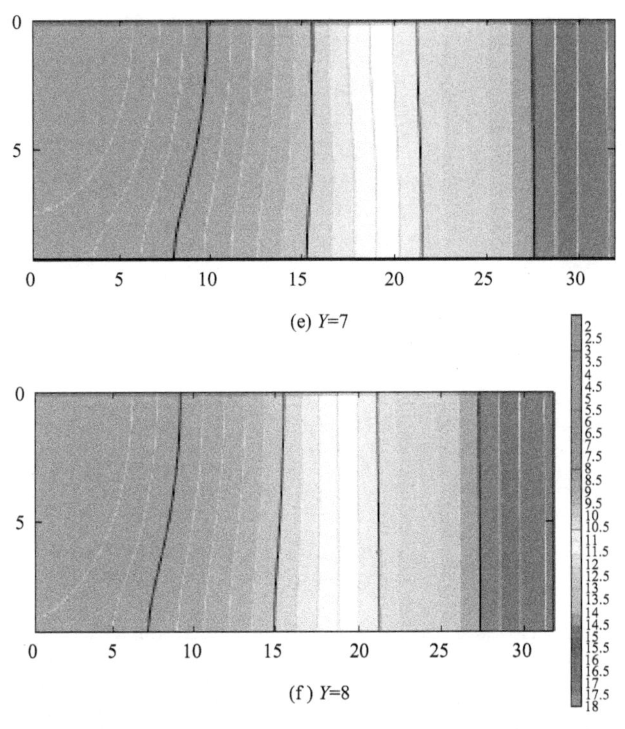

(e) Y=7

(f) Y=8

图 3.4.12 非均质堤坝洞穴高阻隐患三维电场分布切片

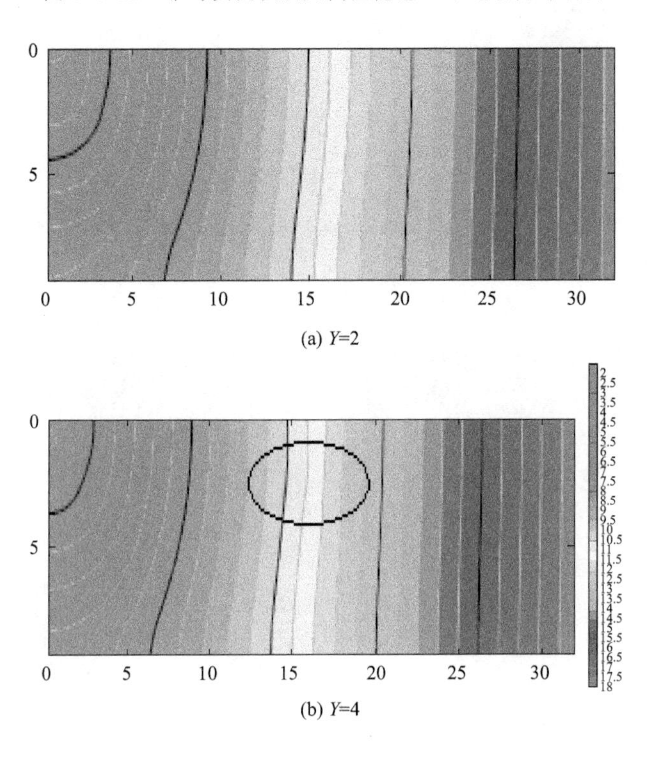

(a) Y=2

(b) Y=4

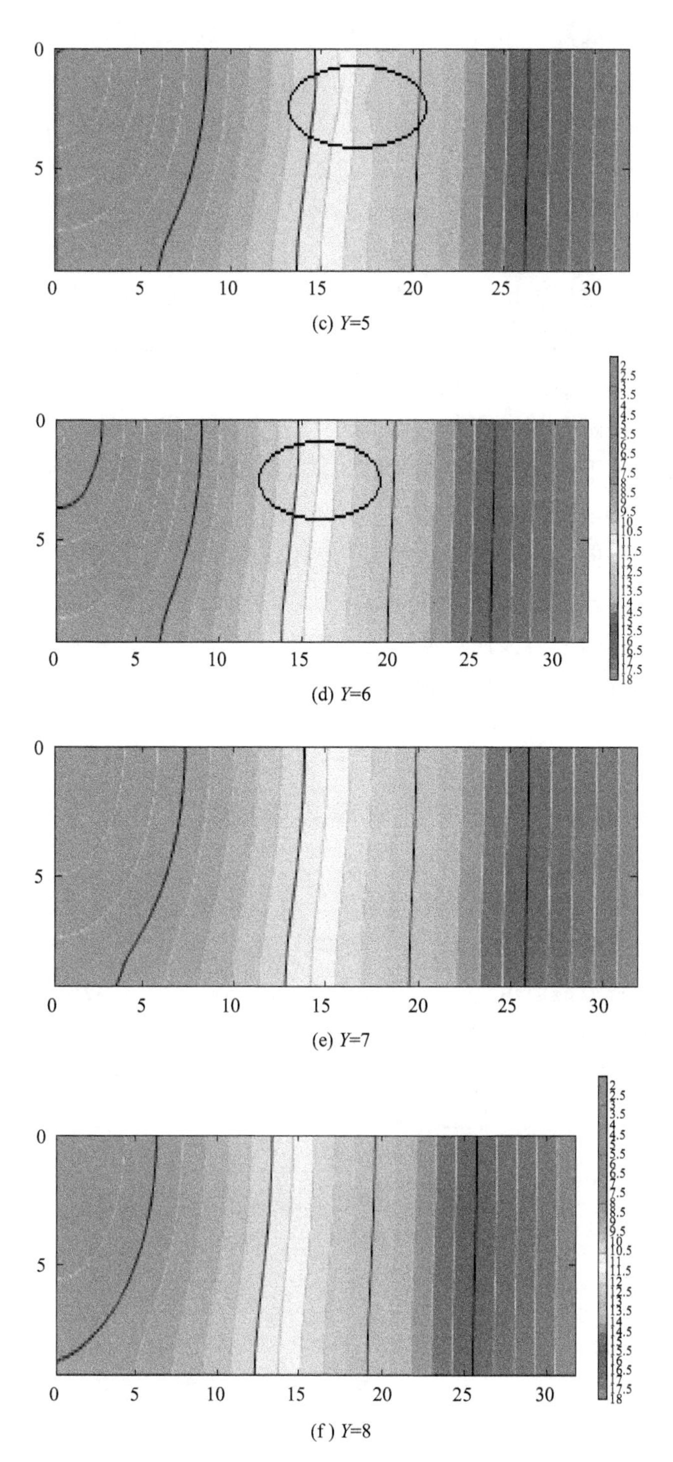

(c) Y=5

(d) Y=6

(e) Y=7

(f) Y=8

图 3.4.13　非均质堤坝洞穴低阻隐患三维电场分布切片

由点源电场强度理论知 $E_1=E_{水}=E_{气}$，又由电流连续理论可知：

$$E_1=j_1\rho_1 \qquad E_{水}=j_{水}\rho_{水} \qquad E_{气}=j_{气}\rho_{气} \tag{3.4.1}$$

式中 $j_1, j_{水}, j_{气}$——非均质堤坝土石复合介质、洞穴水体及空气的电流密度；

$\rho_1, \rho_{水}, \rho_{气}$——非均质堤坝土石复合介质、洞穴水体及空气的电阻率。

由式(3.4.1) 知，在点源电场强度相同，$\rho_{气}>\rho_1>\rho_{水}$ 的情况下，$j_{气}<j_1<j_{水}$，即洞穴高阻空气的电流密度会减小，出现因净流出而产生的电荷减少，洞穴低阻水体的电流密度会增大，出现因净流入而产生的电荷积累、电位等势线会产生高阻"排斥"和低阻"吸引"偏折，因此在高、低阻隐患体存在的 $Y=4$，$Y=5$，$Y=6$ 切片位置电位等势线会出现异常。

对比发现，高阻孔洞隐患的电场响应特征与裂缝隐患基本一致，但形状不同，相同高度条件下高阻孔洞隐患"U"形弯曲段连接长度大于裂缝隐患；低阻孔洞隐患中，坝体电位等势线在隐患体位置发生"V"形偏折，且向点源方向偏折度小于背点源方向。研究表明，隐患尺度相同条件下，孔洞内填充物对电场分布的影响显著，同一深度上电位随孔洞内充填物电阻率的增大而增大，表层电位差异性随异常体电阻率增大而增大。孔洞隐患三维电场分布响应特征显示，充填物与堤坝均质体电阻率的差异性越大，电场分布特征越明显，异常体的位置信息越准确。

3.4.5 含渗漏通道堤坝三维电场数值模拟

为获取点源场中存有渗漏通道隐患模型的三维电场分布特征，本书仍然将土石比 7∶3，含水率 6%，孔隙率 0.3 时的电阻率 $\rho_1=101.5\Omega \cdot m$ 作为模型均质材料的电阻率，将渗漏通道电阻率设为水的电阻率 $\rho_w=11.2\Omega \cdot m$。模型总体尺寸仍然采用 32m×9m×9m，模型内部沿 Y 轴方向设直径为 0.5m 的低阻贯通通道，通道距离 YZ 面边界为 3m，埋深 4m，如图 3.4.14 所示。

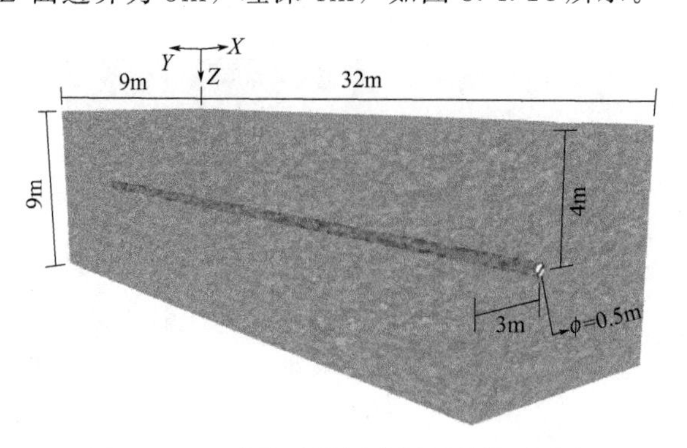

图 3.4.14 非均质堤坝渗漏通道模型示意

对渗漏通道隐患模型进行有限单元法计算，将模型正常体单元赋予电导率1/101.5，隐患体单元赋予水的电导率1/11.2，供电点位置选在坐标原点，点源点供电强度为1A，对计算获得的单元各节点电位值进行Surfer成像，所成三维图像如图3.4.15所示。

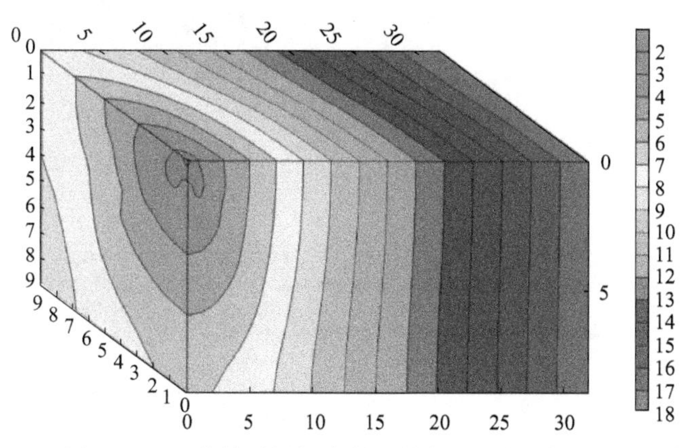

图3.4.15　非均质堤坝渗漏通道隐患三维电场分布

将图3.4.15沿 X 轴分别在 $X=1$，$X=3$，$X=4$，$X=5$，$X=7$ 时切片，切片图如图3.4.16所示。

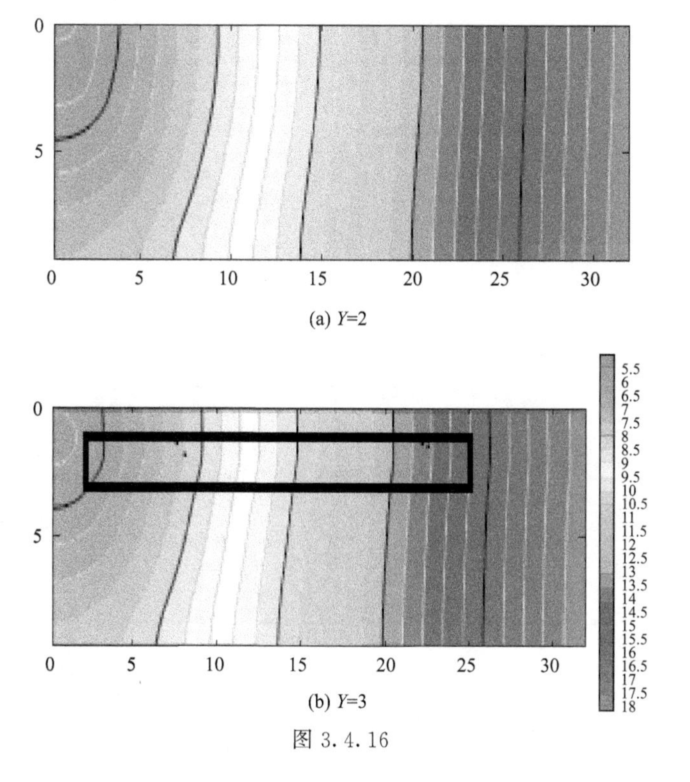

(a) Y=2

(b) Y=3

图3.4.16

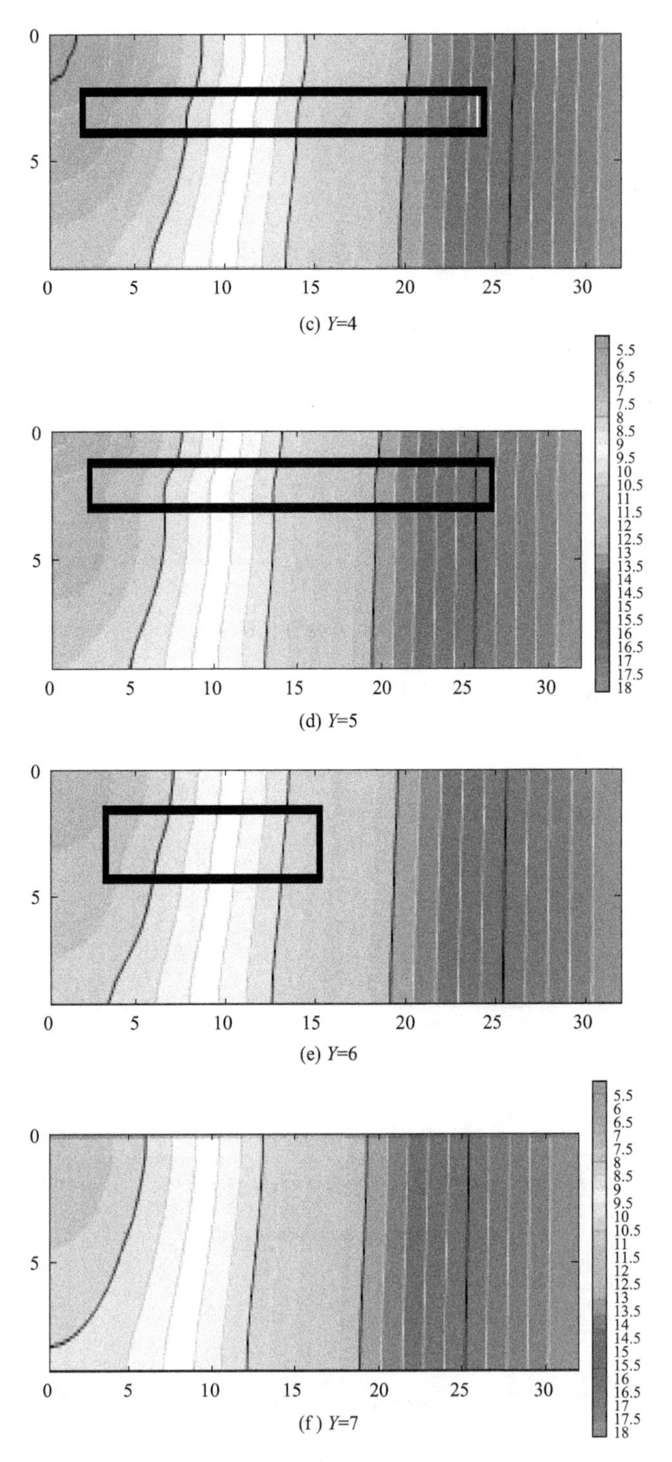

(c) Y=4

(d) Y=5

(e) Y=6

(f) Y=7

图 3.4.16　非均质堤坝渗漏通道隐患三维电场分布切片

由图 3.4.16 可以看出：电位等势线均在 $Y=3$、$Y=4$、$Y=5$ 深度 4m 时发生偏折，但 $Y=3$ 与 $Y=4$、$Y=5$ 处的等势线偏折方向相反。这是由于 $Y=3$ 和 $Y=4$ 的切片位置恰好跨过渗漏通道，而由电流连续理论可知低阻渗漏通道水体会出现因电荷净流入而产生积累，因此电位等势线会产生低阻“吸引”偏折，二者均偏向低阻渗漏通道，故在两个位置的切片显示电位等势线偏折方向相反。

研究发现，渗漏通道长度范围内电场等势线发生“V”形偏折，偏折点指向通道内部，且距离点源点越近，隐患体引起的电位等势线偏折越明显，随着距点源点距离增大，电位等势线偏折度减小，在距离点源 25m 的位置基本看不出电位等势线发生偏折。这是因为点源场中电位的大小随着点源点距离的增大而减小，故在场源末端电位的微小变化难以清楚显示。

第4章

土石堤坝渗流场演变过程中三维电场变化规律研究

为准确判断渗流场演变过程中土石坝体材料的渗漏破坏状态，明确土石堤坝在渗流场演变过程中三维电场的变化规律，本章以孔隙率为基础，建立了渗流场与电场的关联模型。基于模型，确定了土石堤坝渗透破坏时电阻率与临界水力比降之间的关系，重点研究了土石堤坝坝体渗透过程中三维电场随渗流场的变化特性和变化规律，获得了渗流场中不同隐患体的电场响应特征，为后续土石堤坝渗漏诊断技术的实现提供了诊断依据。

本章在理论研究的基础上，将渗流场与电场进行关联，建立了关联模型。在物理试验研究基础上，数值模拟了均质堤坝渗流场演变过程中坝体内部三维电场的变化规律，同时在渗流场中，对不同隐患类型的电场响应特征进行了同步模拟研究，研究发现以下情况。

① 不同土石比模型在不同压实度条件下，吸水饱和过程大致经历迅速下降、缓慢下降和平滑稳定三个阶段，其中，平滑稳定段可作为饱和坝体材料渗透破坏诊断的起始电阻率。

② 吸水饱和过程中不同土石比、不同压实度试件电阻率在相同压实度条件下，试件电阻率随土石比的减小而增大；压实度越小，试件初始电阻率的增长幅度越大。随着饱水过程的结束，相同压实度试件的电阻率变化幅度随土石比减小而增大。同时，相同土石比条件下，压实度越高，试件饱和度越大，饱水过程中试件电阻率的动稳定过程越明显。

③ 土石模型在动稳定状态下电阻率至渗透破坏时电阻率的变化率，最大为 62.1%，最小为 26.7%，该研究结果可为土石坝体材料渗漏破坏提供诊断依据。

④ 渗流场演变过程中，不同土石比、不同压实度坝体材料的电阻率大致经历迅速下降、逐渐稳定、震荡上升三个阶段，局部存在差异，且稳定阶段电阻率随土石比减小而降低。相同土石比条件下，材料压实度越高，改变稳定阶段电阻率所需的渗透水头越大；压实度相同条件下，土石比越小，改变稳定阶段电阻率所需的水头越大。同时，通过仿真模拟发现，渗流场中隐患体的三维电场分布规律与第 3 章理论数值模拟的电场变化规律基本一致，说明将渗流场与电场关联研究渗流场演变过程中三维电场分布规律的方式是可行的，结果是可信的。

4.1 土石介质吸水饱和过程中的电阻率变化特性试验

土石坝体渗流场演变过程中，孔隙结构的改变导致坝体三维电场分布产生变化，为获得二者的变化规律，建立土石堤坝三维电场与渗流场的联系，本书通过试验研究，确定坝体材料吸水饱和过程中电阻率的变化特性。由于孔隙率与材料压实度密切相关，因此为更好掌握不同土石比材料在不同压实度条件下的电阻率变化特征，本书在最佳含水率条件下分别制备土石比为 9∶1、7∶3、5∶5、4∶6，压实度为 90%、92%、95%、98%、100%的 20 个试验模型，通过测定各模型在吸水饱和过程中的电阻率变化，明确了其变化规律与土石比、压实度等物理参数的关系。

4.1.1 试验材料及模型制作

试验材料取自济南市长清区济菏高速东侧开挖的路基土，土体为黄褐色，最佳含水量为 9.8%，最大密实度为 2.01g/cm^3，由筛分曲线获得筛分粒径 d_{10} 为 0.08mm，d_{40} 为 0.24mm，d_{60} 为 0.55mm。根据山东省城乡建设勘察院对周围地质勘查所做的土工报告中土体的具体参数见表 4.1.1，试验岩体化学组成见表 4.1.2，石块取自济南 R1 线综合管廊工程施工过程中油锤开挖的角砾（剔除大块），如图 4.1.1。

表 4.1.1 试验土体参数

含水率/%	相对密度	重度/(kN·cm^{-3})	干重度/(kN·cm^{-3})	饱和度
11.2	2.7	16.8	15.1	0.4
孔隙比	液限/%	塑限/%	塑性指数	液性指数
0.756	27.5	18.8	8.7	<0

表 4.1.2 试验岩体化学组成

Al_2O_3	SiO	MnO	Fe_2O_3	FeO	CaO	MgO	Na_2O	烧失率
14.2	52.1	6.1	1.1	5.4	7.3	8.5	1.7	0.32

图 4.1.1 土石复合介质石块来源

依据《水利水电工程土工试验规程》（DL/T 5355）[138] 及《公路工程无机结合料稳定材料试验规程》（JTG E51—2009）[139] 做击实试验，确定土石比为9∶1、7∶3、5∶5、4∶6复合介质的最佳含水率和最大干密度，结果分别见图4.1.2和表4.1.3。

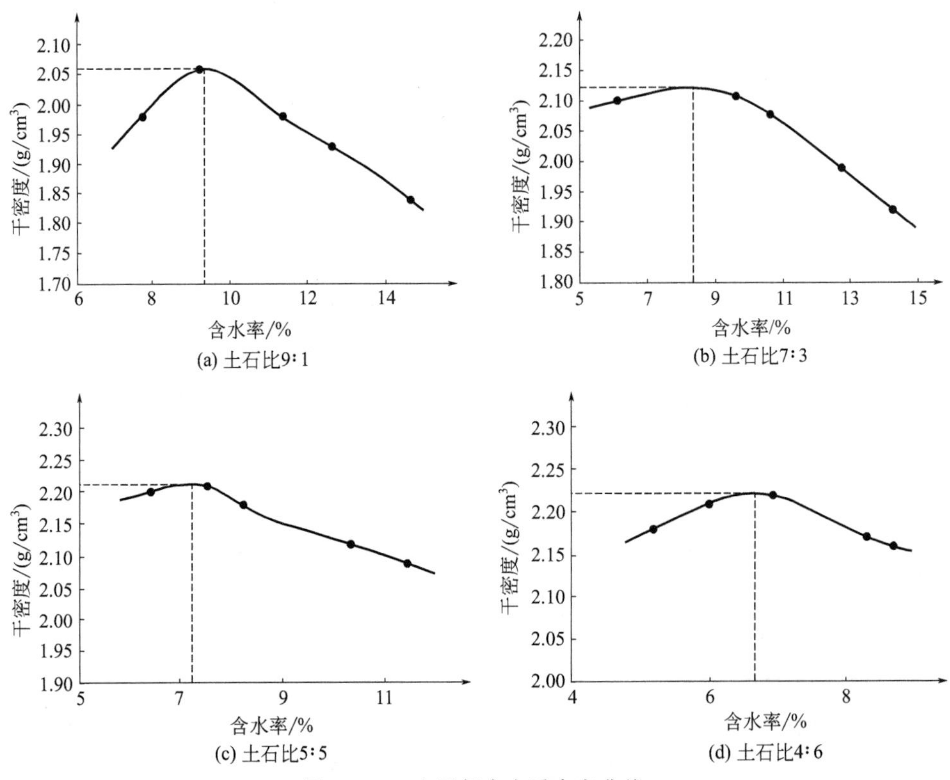

图4.1.2　土石复合介质击实曲线

表4.1.3　不同土石比最佳含水率和最大干密度

土石比	最佳含水率/%	最大干密度/(g/cm³)
9∶1	9.3	2.06
7∶3	8.4	2.12
5∶5	7.2	2.21
4∶6	6.7	2.22

将击实试验确定的最佳含水率和最大干密度在150mm×150mm的标准件体积下确定的土、石、水的质量充分拌和后压入模件的压实度视为100%，按照《公路工程无机结合料稳定材料试验规程》（JTG E51—2009）[139] 无机结合料稳定材料试件制作方法（圆柱形）分别制作压实度为90%、92%、95%、98%、100%的试件，共制件20个，具体见表4.1.4。

表 4.1.4　不同土石比、不同压实度试件

土石比	压实度/%	件重/g	水/g	土/g	石 0.5～1cm 占60% /g	石 1～2cm 占25% /g	石 2～3cm 占15% /g	试样密度/(g/cm³)	含水率/%	孔隙率
9∶1	100	6695.08	569.66	5512.87	367.52	153.14	91.88	2.53	9.30	0.14
	98	6561.18	558.27	5402.62	360.17	150.07	90.04	2.48	9.30	0.16
	95	6360.32	541.18	5237.23	349.15	145.48	87.29	2.40	9.30	0.19
	92	6159.47	524.09	5071.84	338.12	140.88	84.53	2.32	9.30	0.21
	90	6025.57	512.70	4961.59	330.77	137.82	82.69	2.27	9.30	0.23
7∶3	100	6777.08	525.16	5626.73	375.12	156.30	93.78	2.56	8.40	0.13
	98	6641.54	514.66	5514.19	367.61	153.17	91.90	2.51	8.40	0.14
	95	6438.22	498.90	5345.39	356.36	148.48	89.09	2.43	8.40	0.17
	92	6234.91	483.15	5176.59	345.11	143.79	86.28	2.35	8.40	0.20
	90	6099.37	472.64	5064.05	337.60	140.67	84.40	2.30	8.40	0.21
5∶5	100	6909.23	464.05	5800.66	386.71	161.13	96.68	2.61	7.20	0.10
	98	6771.05	454.77	5684.65	378.98	157.91	94.74	2.56	7.20	0.12
	95	6563.77	440.85	5510.63	367.38	153.07	91.84	2.48	7.20	0.14
	92	6356.50	426.93	5336.61	355.77	148.24	88.94	2.40	7.20	0.17
	90	6218.31	417.65	5220.60	348.04	145.02	87.01	2.35	7.20	0.19
4∶6	100	6875.91	431.76	5799.73	386.65	161.10	96.66	2.60	6.70	0.10
	98	6738.39	423.12	5683.74	378.92	157.88	94.73	2.54	6.70	0.12
	95	6532.11	410.17	5509.75	367.32	153.05	91.83	2.47	6.70	0.14
	92	6325.83	397.22	5335.75	355.72	148.22	88.93	2.39	6.70	0.17
	90	6188.32	388.58	5219.76	347.98	144.99	87.00	2.34	6.70	0.19

4.1.2　试验原理与方法

每组试件制作完成后，按照图 4.1.3 四相电极法进行电阻率测量。电阻率是通过测定试件在 A、B 两极间通过恒定电流 I 时 M、N 两电极间的电压降 ΔU 获得的，并根据欧姆定律计算出试件的电阻大小 R，那么通过试件电流两端的岩土体电阻率为[129]：

$$\rho=R\frac{S}{L}=\frac{\Delta U}{I}\frac{S}{L} \tag{4.1.1}$$

式中　ρ——试件两端的电阻率/Ω·m；

S——电极接触的面积/m^2；

L——试件的长度/m。

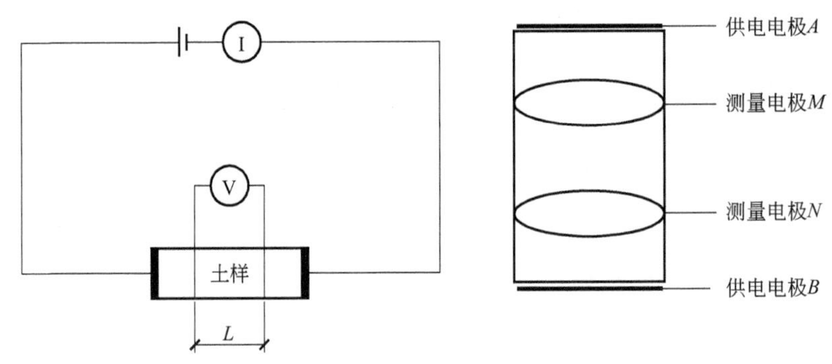

图 4.1.3　四相电极法电阻率测试装置图

为了达到较好的测量效果，在测量中，试样两端的供电电极 A、B 采用直径 150mm，厚 3mm 的薄铜片，中间的环形测量电极 M、N 采用缠绕试样一周的铜丝，如图 4.1.4 所示，这样可以有效增大电极与试样之间的接触面积，降低接触电阻的影响。

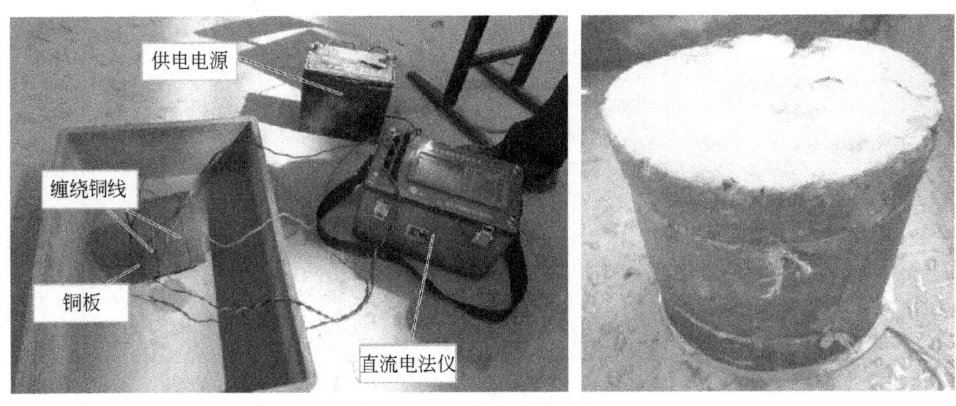

图 4.1.4　现场测试装置

4.1.3　试验测试步骤与程序

① 试件饱水过程采用喷壶洒水，洒水量控制在 500ml/min，每洒 1min 静置 14min 测量一次电阻率，为保证试件上下含水均匀，试件底部托盘设有排水孔，保证多余水量及时排净，将托盘放置在电子秤上，每次静置结束后对试件进行称重。

② 对吸水静置并称重后的试件进行一轮电阻率测量，每轮测量 5 次取平均值，根据文献［140］中不同土石坝材料浸水饱和试验研究结论及文献［69］饱和后电阻率变化规律，连续两轮测量平均值差值在 0.05Ω·m 内视为试件吸水饱和完成。

③ 试验过程之中采用最大含水率进行土石结构稳定控制，由于土石复合介质吸水饱和过程中，土石孔隙结构会发生改变，当超过一定含水率时，土石复合介质的孔隙结构会发生破坏。汪魁[69] 通过试验得出不同土石复合介质的孔隙结构会发生破坏的最大含水量为25%，由复合介质含水量公式：

$$w=\frac{n(1+f)\gamma_w}{(1-n)(f\gamma_s+\gamma_r)} \tag{4.1.2}$$

式中 w——含水量；

n——孔隙率；

f——土石比；

γ_s——土颗粒密度；

γ_r——岩石颗粒密度；

γ_w——水密度。

计算各土石比试件含水量见表4.1.5。

表4.1.5 不同土石比试件含水量

土石比	9∶1	7∶3	5∶5	4∶6
含水量	12%	11.6%	13%	12.5%

由表4.1.5可知，试验过程中各试件均未达到孔隙结构发生破坏时的含水量，故推知其土石孔隙结构未发生破坏。

4.1.4 土石介质饱水过程中的电阻率响应特征分析

由于是在最佳含水率条件下制件，因此各个试件的初始饱和度不同，但电阻率随饱水过程变化具有相似性，从图4.1.5中可以看出大致可分为三个阶段：

（1）迅速下降阶段

不同土石比、不同压实度试件在饱水初期均存在电阻率快速下降段，尤其是在首次吸水后，每个试件的电阻率均会出现大幅下降，且土石比越小、压实度越低的试件电阻率降低幅值越大。由于土石复合介质内部导电过程复杂，于小军[141] 研究认为导电是由固体颗粒及孔隙水按照一定关系组合后实现的，因此随着饱水过程进行，复合介质内存在于孔隙中的高阻气体逐渐被低阻水体取代，土石导电介质由原来的骨架颗粒导电逐渐转化为固液复合导电。由于孔隙水的电阻率远小于骨架颗粒，因此在吸水的初始阶段试件电阻率迅速下降。

（2）缓慢下降段

随着饱水过程的进一步进行，原结构中封闭较好的孔隙在渗透压力的作用下出现水体，水体的浸润导致各试件饱和度增大，导电结构逐渐趋于稳定，总体呈现试件压实度越高电阻率缓慢降低过程越长，电阻率降低幅值越小的规律。但随着试件土石比的增大，其电阻率缓慢下降段的过程更趋复杂，土石比为 4∶6 的试件电阻率波动很大，甚至局部出现电阻率增大现象。由于压实度越高的试件内部孔隙结构越简单，水体浸润改变过程相似，含水率变化大体相同，而压实度低的试件会出现由骨架颗粒封闭的空隙，在渗透压力作用下，水体将穿透骨架保护进入空隙并导致其电阻率出现突变。

（3）平滑稳定段

随着饱水次数的进一步增多，试件孔隙逐步被水充斥占据，试件质量增加越来越小，饱和度越来越高，试件内部孔隙贯通，电阻率变化幅值越来越小，形成固定电流低阻通道，电阻率基本不产生变化，土石比越大、压实度越高、结构越简单的试件电阻率稳定过程越明显。实施电阻率法监测土石堤坝渗漏，平滑稳定阶段的电阻率值可作为饱和坝体材料渗透破坏电阻率变化范围的初始依据。

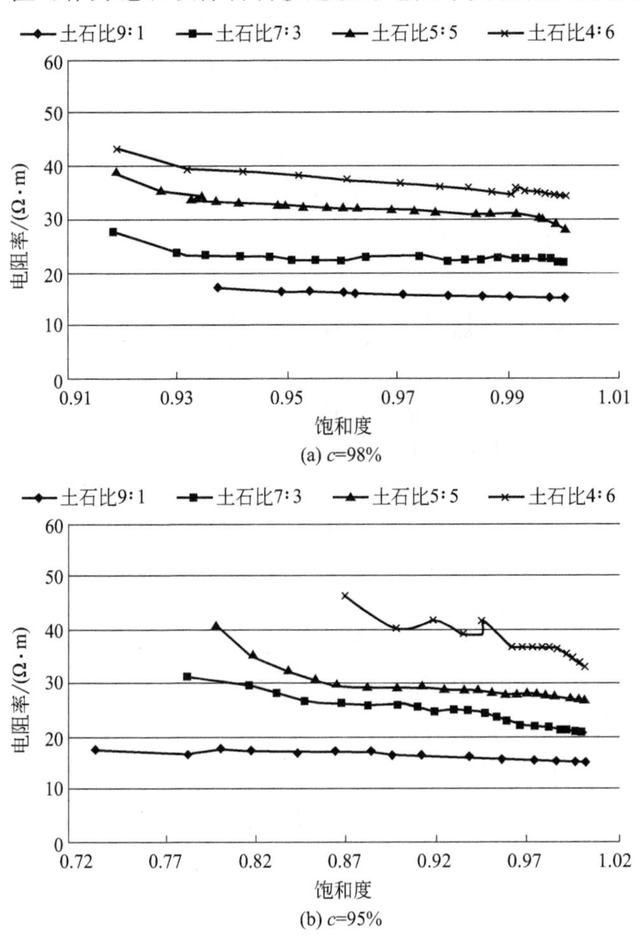

(a) c=98%

(b) c=95%

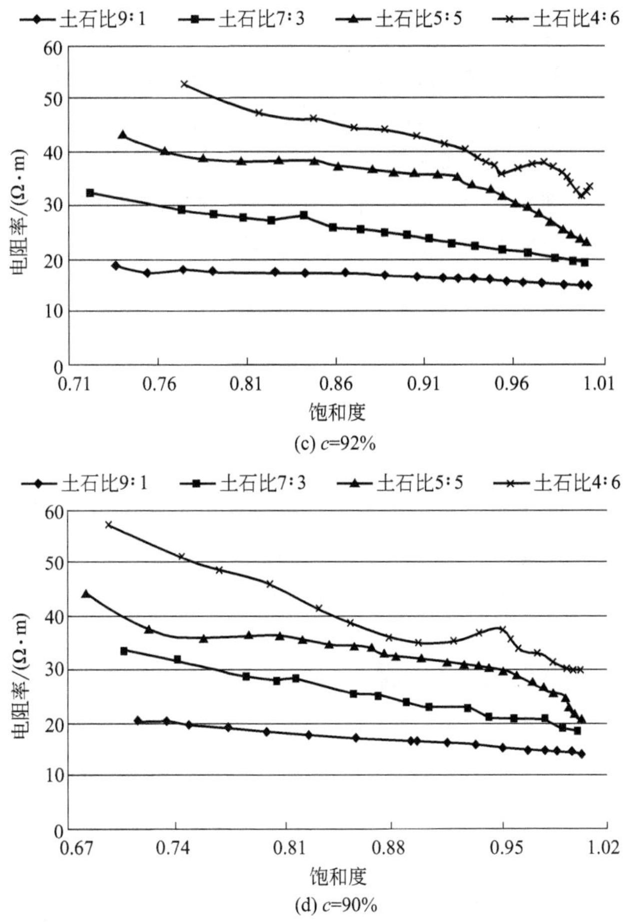

(c) c=92%

(d) c=90%

图 4.1.5　不同土石比、压实度试件自饱水过程电阻率变化

由图 4.1.5 可知，相同压实度（c）条件下，不同土石比模型电阻率变化率不同。其中变化率最大的为土石比 5∶5 压实度 90%时为 52.6%，变化率最小为土石比 9∶1 压实度为 98%时为 10.2%，具体变化率见表 4.1.6。

表 4.1.6　不同土石比不同压实度的电阻率变化率

土石比	压实度	电阻率变化率	土石比	压实度	电阻率变化率
9∶1	98%	10.3%	7∶3	98%	21.9%
	95%	15.2%		95%	34.1%
	92%	20.7%		92%	39.9%
	90%	30.4%		90%	44.4%
5∶5	98%	26.3%	4∶6	98%	20.3%
	95%	35.6%		95%	29.0%
	92%	45.7%		92%	38.1%
	90%	52.6%		90%	47.6%

① 压实度对土石复合介质电阻率影响分析。图 4.1.6 为土石比相同的试件在不同压实度下的初始电阻率。由图可见：在相同土石比条件下，试件压实度越小，其初始电阻率越大，且土石比越大的试件，导电固体颗粒的趋同性越强，其初始电阻率随压实度变化的幅值越小。原因是体积相同的试件在压实度越小时孔隙率越大，试件内部导电结构越复杂，而由于孔隙中气体的导电性能要远小于固体介质颗粒，因此压实度越小的试件初始电阻率越大，固体组成越复杂，电阻率变化越明显。

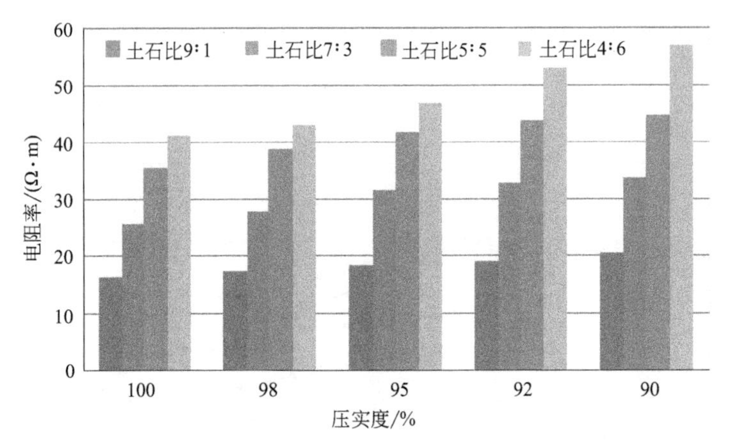

图 4.1.6 土石比相同、压实度不同试件的初始电阻率变化

图 4.1.7 为土石比相同的试件在不同压实度下的饱水电阻率。由图可见，随着饱水进程的结束，土石比相同试件的饱水电阻率随压实度减小而减小，且土石比越小饱水电阻率的变化幅度越大，即饱水过程使得土石比相同试件的电阻率随压实度减小由初始电阻率最大降至饱水电阻率最小。这是由于随着饱水过程的进

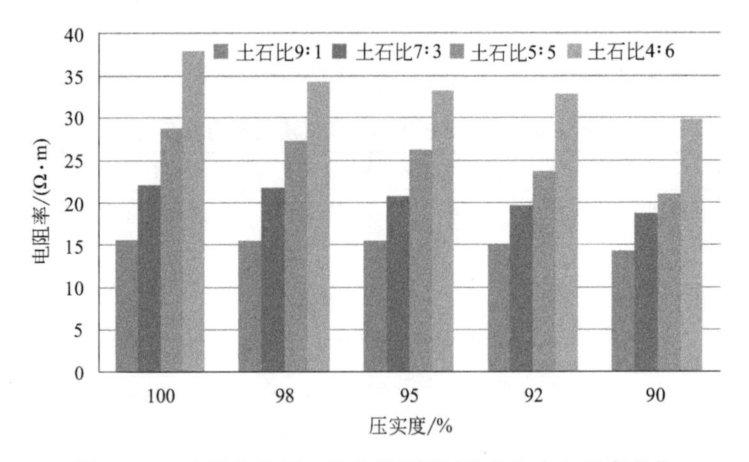

图 4.1.7 土石比相同、压实度不同试件的饱水电阻率变化

行，各试件中原本的高阻气体逐渐被低阻水体代替，从而导致试件电阻率降低，且压实度越小的试件孔隙率越大，水体替代量越大，电阻率变化幅度越大，因此土石比相同条件下压实度最小的试件由初始电阻率最高降至饱水电阻率最低。

② 饱和度随压实度变化分析。文献［142］定义的土体饱和度 S_r 为：

$$S_r=\frac{V_w}{V_v} \tag{4.1.3}$$

式中　V_w、V_v——分别为孔隙中水的体积和孔隙体积，m^3。

由于试件体积固定，故式(4.1.3) 可表示为：

$$S_r=\frac{m-m_{ts}}{m_b-m_{ts}} \tag{4.1.4}$$

式中　m、m_{ts}、m_b——分别为试件每次称重质量、土石体干重和试件饱和质量。

由式(4.1.4) 计算每个试件经过不同自然饱水次数后的饱和度，如图 4.1.8 所示。由图 4.1.8 可以看出，在土石比相同条件下，压实度越高的试件饱和度越大，整个饱水过程中的变化率越小；饱和度初始增长越慢，但自然饱水次数与土石比及压实度没有必然联系；土石比越小的试件其饱和度随压实度变化的曲线斜率越大，压实影响特征越明显。同时，在压实度较低的 90％和 92％模型中，由于石颗粒的骨架效应所形成的孔隙结构更加复杂，因此在吸水过程中存在局部封闭空腔突然浸水，引起总体饱和度突然加大，从而存在饱和度曲线交叉的现象。

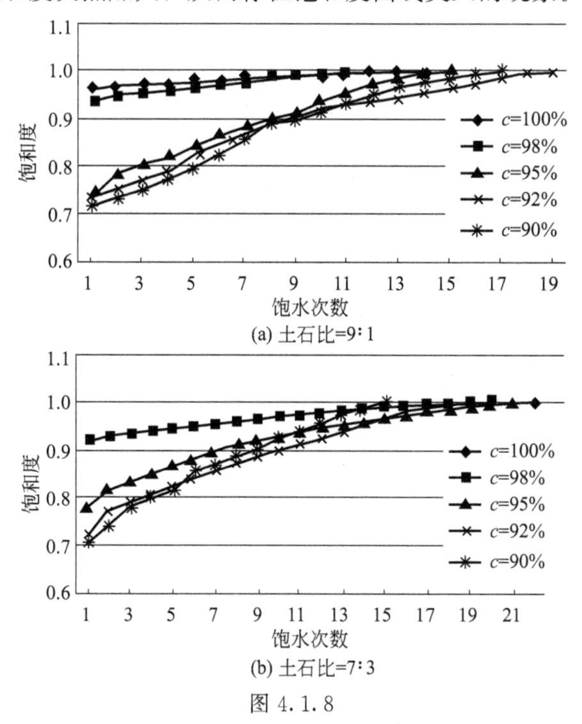

(a) 土石比=9∶1

(b) 土石比=7∶3

图 4.1.8

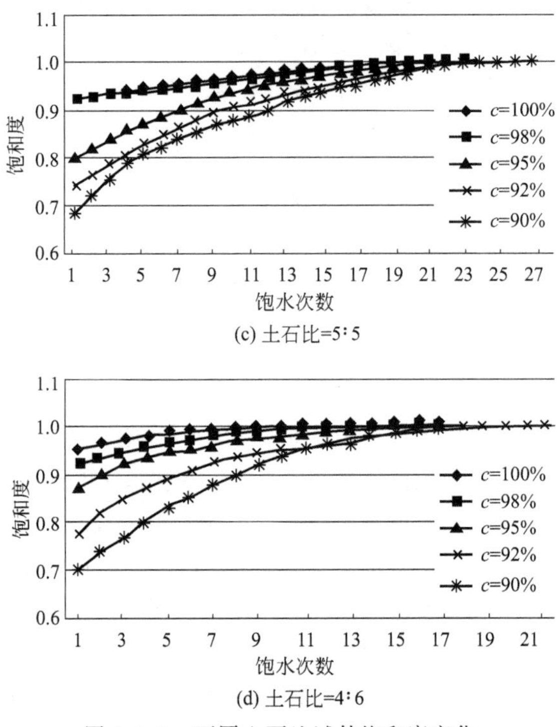

(c) 土石比=5∶5

(d) 土石比=4∶6

图 4.1.8　不同土石比试件饱和度变化

4.1.5　土石复合介质电阻率随饱和度变化规律

Arichie[143] 在 1942 年根据试验研究建立了饱和纯净砂岩的电阻率模型，此后 Sava 等人[144] 在 Arichie 研究基础上建立了非饱和岩石电阻率和饱和度、孔隙率关系模型，其表达式为：

$$\rho=a\rho_w\phi^{-m}S_r^{-p} \tag{4.1.5}$$

式中　ρ——岩石电阻率；

ρ_w——孔隙水的电阻率；

a——岩性系数；

ϕ——孔隙率；

m——胶结系数；

p——饱和度指数。

由于同一试件中 $a\rho_w\phi^{-m}$ 理论上未发生改变，故其可视为常数，基于此，本书利用上述电阻率模型公式对电阻率随饱和度变化曲线结果进行拟合，拟合结果如图 4.1.9 所示。

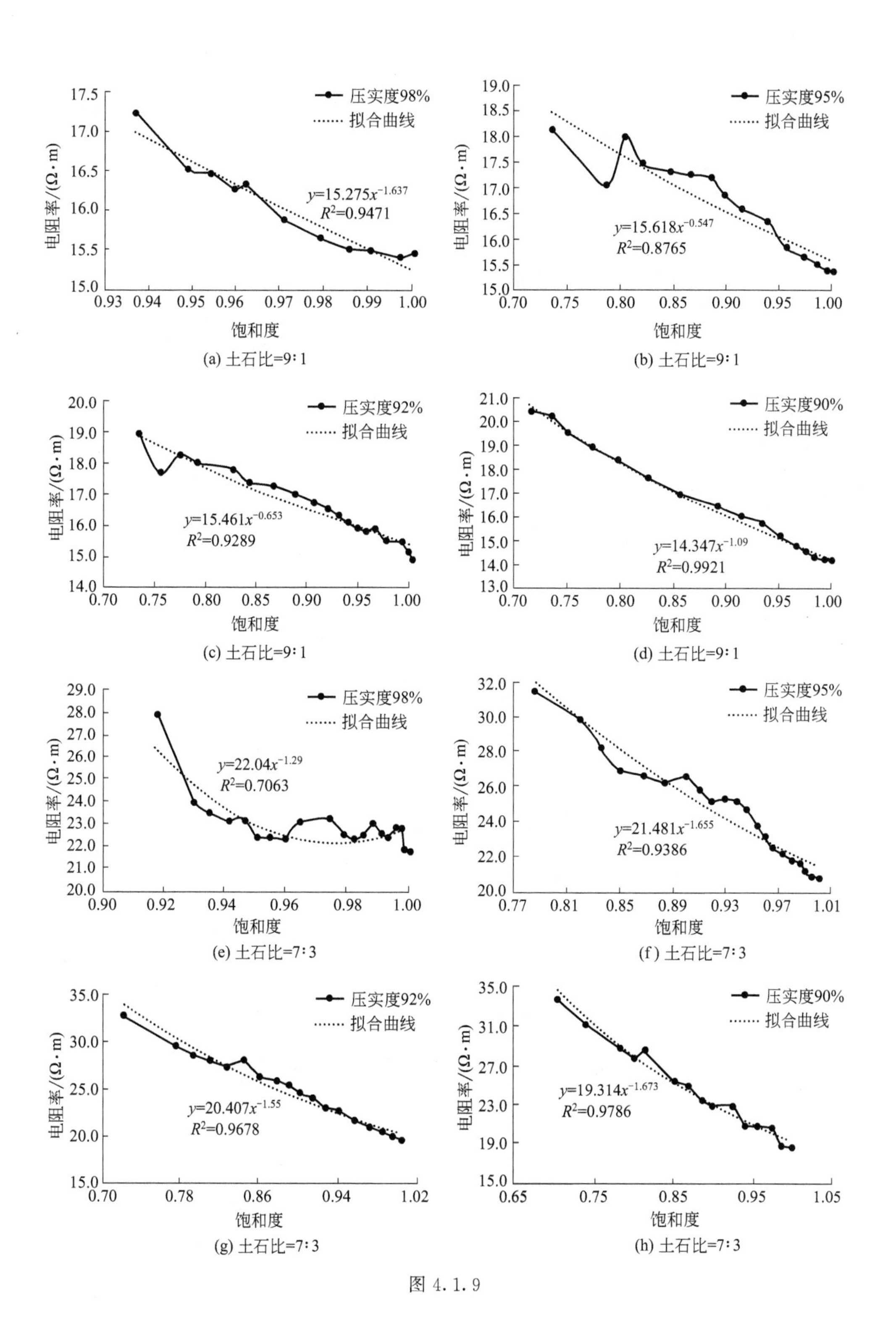
压实度98%
拟合曲线
$y=15.275x^{-1.637}$
$R^2=0.9471$
电阻率/(Ω·m)
饱和度
(a) 土石比=9∶1
压实度95%
拟合曲线
$y=15.618x^{-0.547}$
$R^2=0.8765$
电阻率/(Ω·m)
饱和度
(b) 土石比=9∶1
压实度92%
拟合曲线
$y=15.461x^{-0.653}$
$R^2=0.9289$
电阻率/(Ω·m)
饱和度
(c) 土石比=9∶1
压实度90%
拟合曲线
$y=14.347x^{-1.09}$
$R^2=0.9921$
电阻率/(Ω·m)
饱和度
(d) 土石比=9∶1
压实度98%
拟合曲线
$y=22.04x^{-1.29}$
$R^2=0.7063$
电阻率/(Ω·m)
饱和度
(e) 土石比=7∶3
压实度95%
拟合曲线
$y=21.481x^{-1.655}$
$R^2=0.9386$
电阻率/(Ω·m)
饱和度
(f) 土石比=7∶3
压实度92%
拟合曲线
$y=20.407x^{-1.55}$
$R^2=0.9678$
电阻率/(Ω·m)
饱和度
(g) 土石比=7∶3
压实度90%
拟合曲线
$y=19.314x^{-1.673}$
$R^2=0.9786$
电阻率/(Ω·m)
饱和度
(h) 土石比=7∶3

图 4.1.9

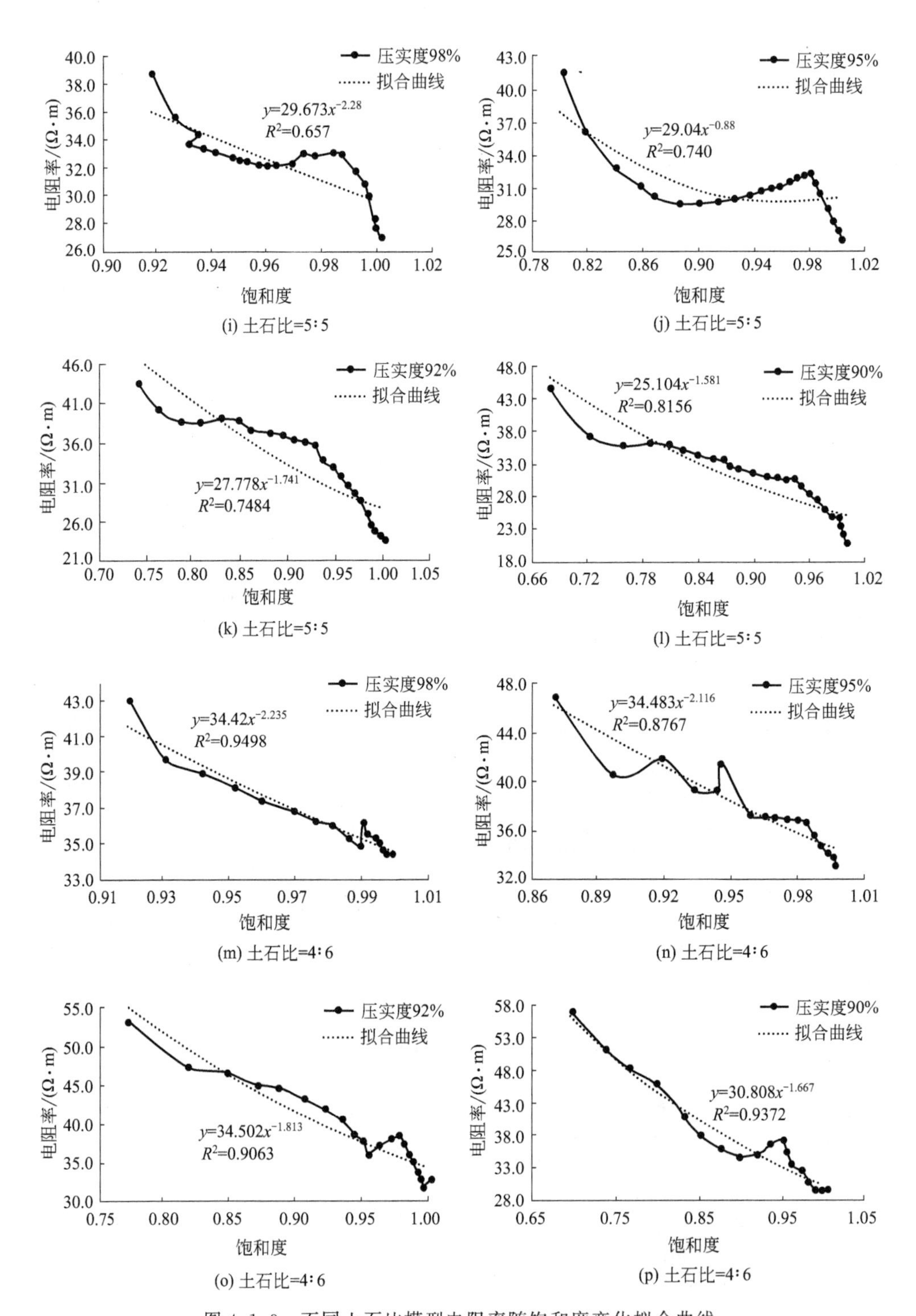

图 4.1.9 不同土石比模型电阻率随饱和度变化拟合曲线

通过理论拟合土石复合介质电阻率随饱和度变化规律发现，各土石比试件电阻率随饱和度变化规律的拟合曲线总体效果良好，最好的是土石比 9∶1、压实度 90%的试件，其拟合优度 R^2 为 0.992，最差的是土石比 5∶5 中压实度为 98%的试件，拟合优度 R^2 为 0.657，拟合优度在 0.9 之上的占 50%，在 0.7 之上的占 93.75%，变化规律的理论拟合度非常高。拟合优度较差大部分出现在饱水初期，原因是土石复合介质吸水初期，饱水渗透过程导致试件的局部孔隙结构发生变化，从而引起电阻率突变，而在图 4.1.5 所示的稳定阶段，由于饱和度与电阻率关系相对稳定，因此其拟合优度非常高，与此同时在土石比较小的 5∶5、4∶6、压实度较低试件的中间饱水阶段拟合程度较低，原因是土石比含量越低，压实度越小试件所形成的孔隙结构越复杂，在饱水过程中水体在渗透压力作用下穿透骨架颗粒进入空隙会引起局部范围内孔隙变化，导致电阻率突变，且变化幅度较大，因此突变处理论拟合度较低，但不同土石比不同压实度试件均可给出坝体材料渗透过程中电阻率变化范围及变化趋势，因此通过理论拟合后的不同土石比坝体材料电阻率随饱和度变化规律，可为采用电阻率手段检测土石坝体材料渗透破坏过程提供数据支撑。

4.2 均质土石堤坝渗流场演变与三维电场数值模拟

为进一步确定土石堤坝渗流场演变过程中三维电场的变化规律，本书以物理试验中获取的电阻率变化规律为基础，依托孔隙率、饱和度等相关参数，利用多物理场工程仿真软件平台 COMSOL Multiphysics，进行土石堤坝渗透破坏过程中电场随渗流场变化的仿真模拟，通过模拟进一步明确土石堤坝渗流场演变过程中的三维电场的变化规律，同时明确渗流场中不同隐患类型的电场分布特征，为后续土石堤坝的渗漏诊断提供依据。

COMSOL Multiphysics 工程仿真软件平台可与任意组合的附加模块结合使用，可模拟电磁、结构力学、声学、流体、传热、化工等各领域的相关问题，模拟结果快速准确，为广大科技工作者所广泛接受。

4.2.1 均质堤坝渗流水头与电阻率关联模型的建立

由模型试验电阻率随饱和度变化规律可知，土石堤坝渗透破坏过程中渗流场改变会引起堤坝内部三维电场分布的变化，反之，堤坝内部三维电场分布发生改变，则由渗流引起的坝体孔隙率、含水率等发生改变。因此选取特定参数将两场进行关联，建立关联模型，即可获得土石堤坝渗流场与电场的同步变化规律。

由连续方程及质量守恒定律，土体孔隙单元内水体质量随时间变化率为[145]：

$$\frac{\partial M}{\partial t}=n\rho_{s}\frac{\partial V}{\partial t}+\rho_{s}V\frac{\partial n}{\partial t}+nV\frac{\partial \rho_{s}}{\partial t} \tag{4.2.1}$$

式中　M——孔隙内单元水体质量；

V——单元体积；

n——土体孔隙率；

ρ_s——水的密度。

式(4.2.1) 右端第一项为骨架颗粒压缩变形，即有：

$$\frac{\mathrm{d}V}{V}=\alpha \mathrm{d}P \tag{4.2.2}$$

$$\mathrm{d}V=\alpha V\mathrm{d}P \tag{4.2.3}$$

$$\alpha=\frac{1}{E} \tag{4.2.4}$$

式中　E——骨架颗粒弹性模量；

P——孔隙水压力；

α——变形系数。

式(4.2.1) 右端第二项表示受力过程中单元土体孔隙变化，设土体骨架颗粒体积为 V_s，则 $V_s=(1-n)V$，将其两边微分可得：

$$\mathrm{d}V_{s}=\mathrm{d}(1-n)V=0 \tag{4.2.5}$$

即

$$V\mathrm{d}(1-n)+(1-n)\mathrm{d}V=0 \tag{4.2.6}$$

$$(1-n)\mathrm{d}V-V\mathrm{d}n=0 \tag{4.2.7}$$

$$\mathrm{d}n=\frac{1-n}{V}\mathrm{d}V \tag{4.2.8}$$

又 $\mathrm{d}V=\alpha V\mathrm{d}P$，将其代入式(4.2.8) 可得

$$\mathrm{d}n=(1-n)\alpha \mathrm{d}P \tag{4.2.9}$$

式(4.2.1) 右端第三项表示水体由于压缩引起的体积变化，此处不考虑水体压缩性，故忽略不计。

又由水头公式：

$$H=\frac{P}{\rho_{s}g}+z \tag{4.2.10}$$

式中　H——渗透水头。

对上式两边微分可得：

$$\mathrm{d}H=\frac{\mathrm{d}P}{\rho g}+\mathrm{d}z \tag{4.2.11}$$

静水中 z 可视为常数，故上式右端第二项为 0，则有：

$$\mathrm{d}P=\rho g\,\mathrm{d}H \tag{4.2.12}$$

将其代入式 $\mathrm{d}n=(1-n)\alpha \mathrm{d}P$，可得：

$$\mathrm{d}n=(1-n)\alpha\rho_s g\,\mathrm{d}H$$

$$\frac{\mathrm{d}n}{1-n}=\alpha\rho_s g\,\mathrm{d}H \tag{4.2.13}$$

对上式两边积分有：

$$H=-\frac{\ln(1-n)}{\alpha\rho_s g} \tag{4.2.14}$$

由式(4.2.14) 建立了渗流场中渗流水头与孔隙率的联系，而由参考文献 [69] 知土石复合介质电阻率也与孔隙率有关，即

$$\rho=\frac{1+f}{1-n}\left[\frac{(1+f)^2}{2(f\rho_s+\rho_r)}+\frac{\rho_s+f\rho_r}{2\rho_s\rho_r}+\frac{(f\gamma_s+\gamma_r)w}{\gamma_w\rho_w}\right]^{-1} \tag{4.2.15}$$

式中，各字母含义见文献 [69]。

由此，以孔隙率 n 为基础可建立土石堤坝渗流水头与电阻率关联模型：

$$\rho=\frac{1+f}{e^{-H\alpha\rho_s g}}\left[\frac{(1+f)^2}{2(f\rho_s+\rho_r)}+\frac{\rho_s+f\rho_r}{2\rho_s\rho_r}+\frac{(f\gamma_s+\gamma_r)w}{\gamma_w\rho_w}\right]^{-1} \tag{4.2.16}$$

式中 H——水头；

ρ_s——土颗粒电阻率；

ρ_r——岩石颗粒电阻率；

ρ_w——水的电阻率；

α——变形系数；

f——土石比；

w——含水量；

γ_s、γ_r、γ_w——分别为土体、岩体和水的密度。

4.2.2 均质堤坝坝体模型生成

实际工程中，坝体材料的石块级配、形状在坝体中的分布存在差异，无普适性规律，因此在仿真中将大小、形状各异的不规则体进行数值模拟，需要采用适当的方法进行模型组件，最大限度模拟土石复合介质中无规律的石块分布情况。根据天然破碎块石易形成长边和短边的特性，石块的几何形状可近似于椭球体进行模拟，模拟过程采用统一编程方式实现三维椭球体的随机分布，具体见图 4.2.1。

椭球体形状采用三参数控制，即随机赤道半径 a、b，随机极半径 c 和随机方位角 θ，具体实现算法如下：

① 选定模型控制区间，并在区间内生成模型试样。

② 在试样空间内，通过调用随机函数生成在一定范围内变化的椭球参数。

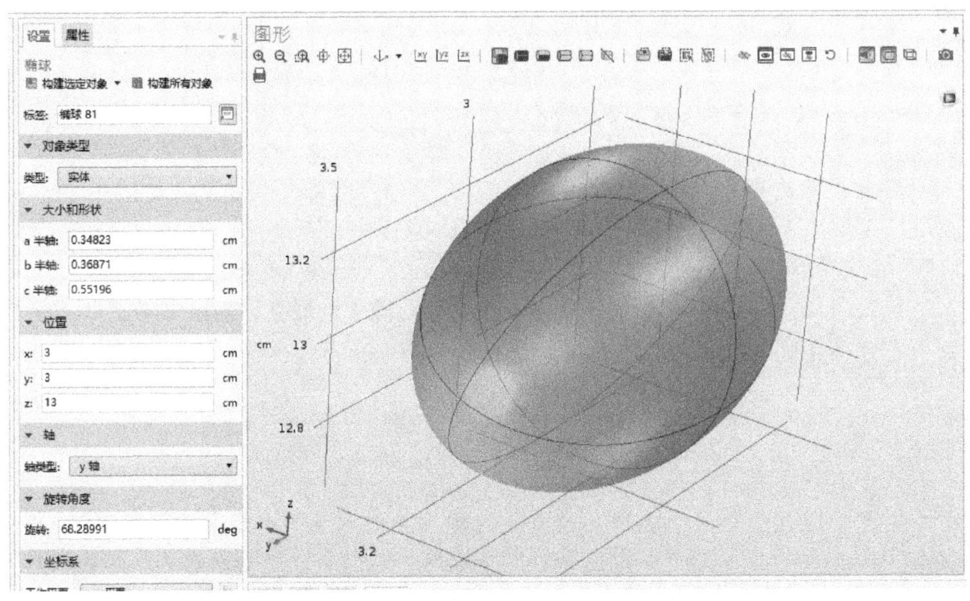

图 4.2.1　椭球体随机生成图

为保障随机生成的椭球体都包含在试样内，选用试样三维坐标作为生成随机椭球体的坐标限制值。同时，在椭球体边界坐标至试样边界间设定富余厚度以防止边界突破现象发生，以此保障数值模型中所有石块都包含于试样土体内。

③ 对每组随机生成数据由预先设定的石块几何形状控制参数进行判别。如果判别随机生成物的形状特性与预设条件不符或者大小超出椭球控制参数，则需将异形椭球体剔除，其余符合条件的椭球体则统一存入椭球参数矩阵。

④ 生成随机坐标，判断其是否在试样内部。如果不是，则抛弃本组数据，重新生成随机坐标；如果是，根据随机椭球的参数，遍历“已生成椭球矩阵”并保障其与已存在的椭球不发生相互侵入，直到生成的椭球数量满足预设要求。

⑤ 经过以上几个步骤，即可在固定试样空间内部随机生成预设数量的、互不侵入的三维椭球体石块模型，土石比为 7∶3 生成模型见图 4.2.2。

土石复合介质生成代码见附录 2。

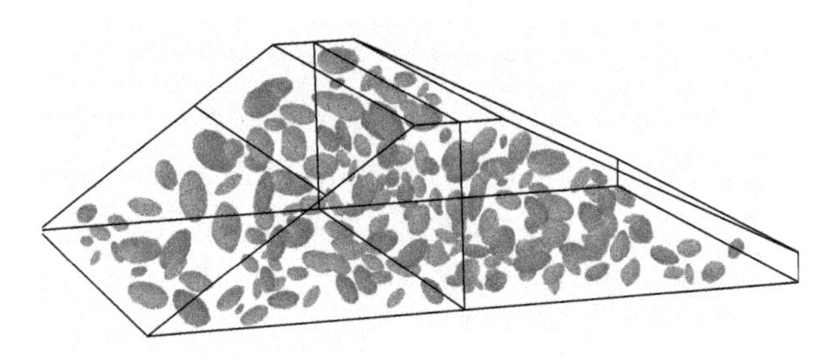

图 4.2.2　土石比为 7∶3 模型示意

4.2.3 均质堤坝坝体渗透演变过程模拟分析

均质堤坝土石复合介质的饱水渗透过程属于多孔介质的饱和-非饱和渗流问题，1931 年 Richards[146] 将达西定律引入非饱和土壤中的水体流动，建立了土体渗透系数与水体负压及其含水率的关联函数，形成了非饱和渗流的基本方程。目前，Richards 方程是求解土体中非饱和渗流的通用方式。

COMSOL Multiphysics 平台中内置了饱和-非饱和渗流模块，模块中自带 Richards 基本微分方程，方程是以压力 P 为因变量进行解算，形式为[147]：

$$\rho\left(\frac{C_{\mathrm{m}}}{\rho g}+S_{\mathrm{e}}S\right)\frac{\partial p}{\partial t}+\nabla\rho\left(-\frac{\kappa_{\mathrm{s}}}{\mu}k_{\mathrm{r}}(\nabla P+\rho g\ \nabla D)\right)=Q_{\mathrm{m}} \tag{4.2.17}$$

式中　P——因变量压力；

C_{m}——容水度；

S_{e}——有效饱和度；

S——储水系数；

κ_{s}——饱和渗透率；

μ——流体动力黏度；

k_{r}——相对渗透率；

ρ——流体密度；

g——重力加速度；

D——位置水头；

Q_{m}——流体源（正）或汇（负）。

$$S_{\mathrm{e}}=\frac{\theta-\theta_{\mathrm{r}}}{\theta_{\mathrm{s}}-\theta_{\mathrm{r}}} \tag{4.2.18}$$

式中　$\theta,\theta_{\mathrm{r}},\theta_{\mathrm{s}}$——含水量，残余含水量和饱和含水量。

方程中的有效饱和度采用 Van Genuchten 定义的土-水特征曲线计算，由于非饱和度参数 θ，C_{m}，S_{e} 和 k_{r} 随着压力水头的变化而变化，通过试验可以获得 $\theta-H_{\mathrm{p}}$ 以及 $\theta_{\mathrm{r}}-H_{\mathrm{p}}$ 之间的关系散点，H_{p} 为压力水头，试验中通过相同洒水量进行控制。渗流场中对前述散点进行差值可获得连续函数，通过 COMSOL 自定义功能对差值函数进行拟合，即可确定 $\theta=f(H_{\mathrm{p}})$，$k_{\mathrm{r}}=g(H_{\mathrm{p}})$，其余非饱和度相关参数由式(4.2.19)～式(4.2.21) 确定。

$$S_{\mathrm{e}}=\begin{cases}\dfrac{[f(H_{\mathrm{p}})-\theta_{\mathrm{r}}]}{\theta_{\mathrm{s}}-\theta_{\mathrm{r}}} & H_{\mathrm{p}}<0\\ 1 & H_{\mathrm{p}}\geqslant 0\end{cases} \tag{4.2.19}$$

$$C_m = \begin{cases} \dfrac{\mathrm{d}f(H_p)}{H_p} & H_p < 0 \\ 0 & H_p \geqslant 0 \end{cases} \tag{4.2.20}$$

$$k_r = \begin{cases} g(H_p) & H_p < 0 \\ 0 & H_p \geqslant 0 \end{cases} \tag{4.2.21}$$

要求解式(4.2.17)，需确定渗流边界条件，COMSOL 软件中内置有混合边界条件：

$$n \frac{\kappa_s}{\mu} k_r \nabla(P + \rho g z) = N_0 + R_b (H_b - H) \tag{4.2.22}$$

式中 n——计算区域外法线方向；

Z——位置水头；

N_0——内通量；

R_b——外部电导率；

H_b，H——分别是外部水头和总水头。

由式(4.2.22) 知，当 $R_b = 0$ 时，适用于 Neumann 边界条件，当 R_b 无穷大时，适用于 Dirichlet 边界条件。

均质堤坝渗透时渗透自由面和溢出点的位置是随机的，难以确定，而溢出的边界面又属于混合边界条件，一系列不确定因素导致渗流计算异常复杂。近些年，渗流计算的数值模拟通常采用迭代逼近的固定网格法求其近似解，求解结果与实际情况存在差异，因此本书采用文献 [103]、文献 [104] 建立的饱和-非饱和渗流模型，采用出渗面混合边界求解方法来计算自由面。

文献 [103] 中建立了以饱和度 S_e 和孔隙水压力 P 近似表示的饱和-非饱和渗流模型，模型通过自由面把渗流域分成饱和区与非饱和区。其中饱和区为正压区，饱和度 S_e 设置为 1，非饱和区为负压区，饱和度设置为零。饱和区与非饱和区的交界面即为自由面，自由面上孔隙水压力 $P = 0$。

文献 [104] 将模型溢出边界设置为由水头边界与流量边界共同组成的混合边界，在计算过程中，将出渗面边界条件设为 Dirichlet 边界，将出渗面以上边界设为 Neumann 边界，分别定义 Dirichlet 边界为水头边界 $H = z$，Neumann 边界为流量边界 $q = 0$。

渗流场模拟中，坝体材料是否达到破坏需有响应的判别依据。由文献 [145]、文献 [148] 水利工程土体渗透破坏中，采用不均匀系数法判别土体的破坏类型。坝体均匀系数：

$$\eta = \frac{d_{60}}{d_{40}} \tag{4.2.23}$$

式中 d_{60}、d_{40}——筛分有效粒径。

则当 $\eta<10$ 时土体渗透变形破坏形式为流土，$\eta>20$ 时破坏形式为管涌，$10<\eta<20$ 时流土管涌均有可能。

如果发生流土，临界水力坡降为：

$$J_c=\left(\frac{\gamma_s}{\gamma_w}-1\right)(1-n) \tag{4.2.24}$$

如果发生管涌，临界水力坡降为：

$$J_c=42\frac{d}{\sqrt{\frac{K}{n^3}}} \tag{4.2.25}$$

由文献［148］可知，式中 γ_s 为骨架颗粒密度，一般可取 2.65g/cm^3，γ_w 为水的密度，取 1g/cm^3，n 为孔隙率，d 为管涌时土颗粒粒径，可取 d_3，K 为渗透系数，cm/s。

分析式(4.2.16) 关联模型可知，确定土石坝体内某一位置电阻率即可确定该位置渗透水头，进而可确定该位置水力比降 J，由比降 J 及式(4.2.24)、式(4.2.25) 临界比降对比，可判断该位置土体是否达到渗透破坏。因此，由观测电阻率判断渗流场演变过程中坝体材料是否达到渗透变形破坏状态，需将电场与渗流场进行同步关联研究。

均质堤坝渗透过程中，渗透水头改变会引起坝体内部孔隙率、渗透系数等发生改变，渗流场中渗透自由面的变化必然引起与之相适应的电场的变化。为模拟获得坝体内部渗透过程中三维电场的变化规律，本书通过 COMSOL 仿真模拟软件模拟土石堤坝渗流场自由出渗，同时在坝体上施加点源电场，获得关联状态下坝体内渗流场及电场的响应特征。

通过 COMSOL 内置的 AC/DC 模块施加点源电场，模拟获得坝体内部电位、电荷分布及电阻率变化。具体按照以下流程进行通电模拟。

① 在 COMSOL 界面中依次选择“添加物理场”“AC/DC”“ec 电流”，施加电流强度为 10A 的点电源，输入单元材料体的介电常数，如图 4.2.3 所示。

② 施加电流运动的边界条件。将模型中坝体顶面、迎水面水头以上及背水面施加边界条件设为“绝缘”，即第一类边界条件为 0，将迎水面水头之下及坝体底部设置为“接地”。

③ 对坝体内部导线所需相关参数进行初始值设置，选择“有效介质”模式。

4.2.4 均质堤坝渗流场演变与电场变化规律分析

本书以土石比 7∶3，压实度 98% 的均质堤坝为例，设置坝体迎水面水头

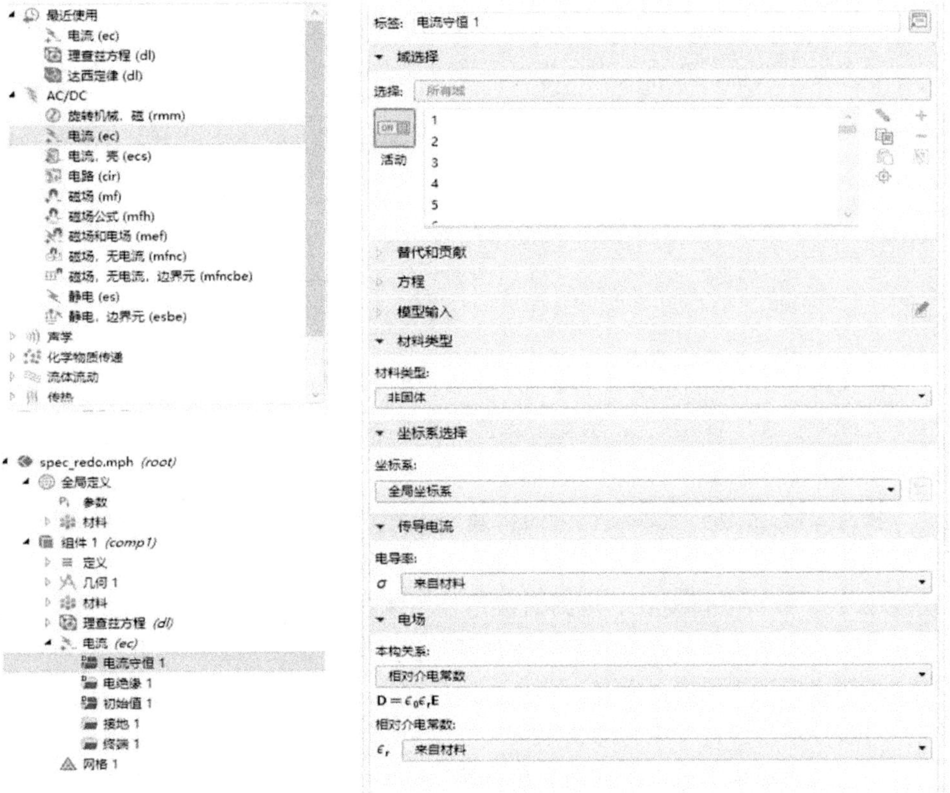

图 4.2.3 添加电场示意

20m，背水面水头 0m，上下游面坡 1∶1.6，坝长 120m，宽 100m，坝高 30m，坝体土体密度为 2.30g/cm^3，含水率为 8.40%，孔隙率为 0.14，土体弹性模量为 14.6MPa，饱和渗透系数为 2.0×10^{-5}cm/s，均质堤坝坝基边界设置为不透水，采用 COMSOLMultiphysics 平台中饱和-非饱和渗流场模拟，有限元模拟网格划分如图 4.2.4 所示。

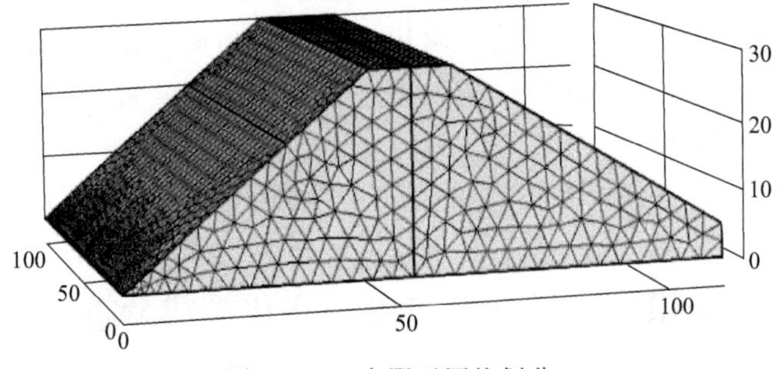

图 4.2.4 有限元网格划分

通过有限单元法模拟，可获得各单元节点的渗透水头及渗流速度，见图 4.2.5 和图 4.2.6；由渗透水头及单元点的距离可知各节点处的水力比降 J，见图 4.2.7。

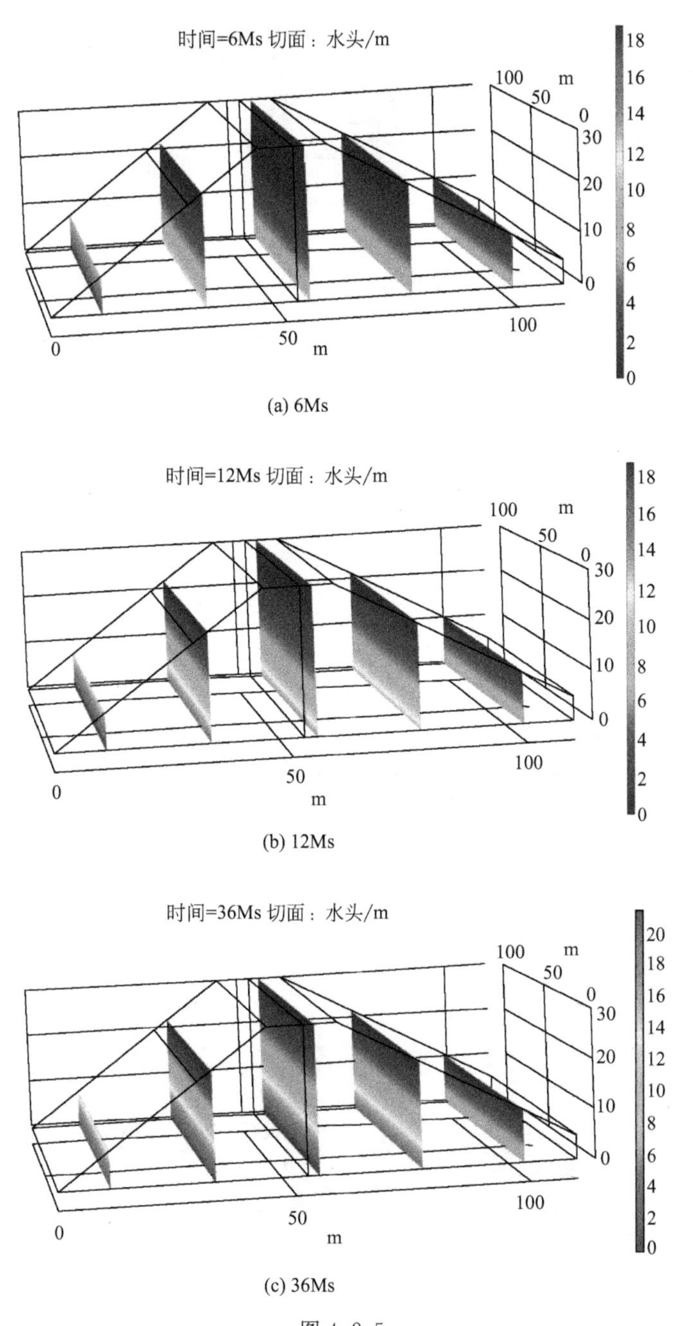

(a) 6Ms

(b) 12Ms

(c) 36Ms

图 4.2.5

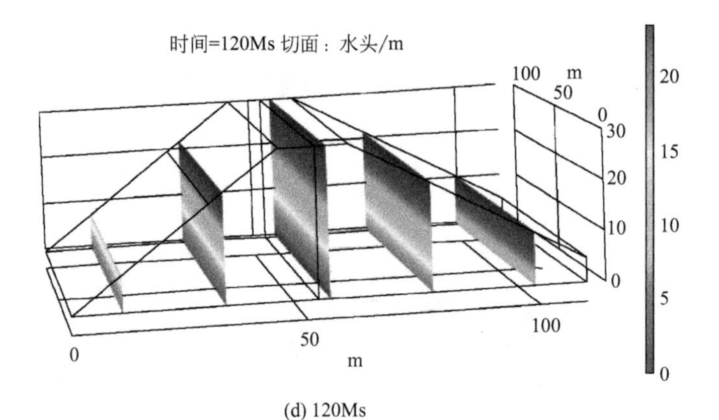

(d) 120Ms

图 4.2.5　不同时刻（月）坝体内水头分布

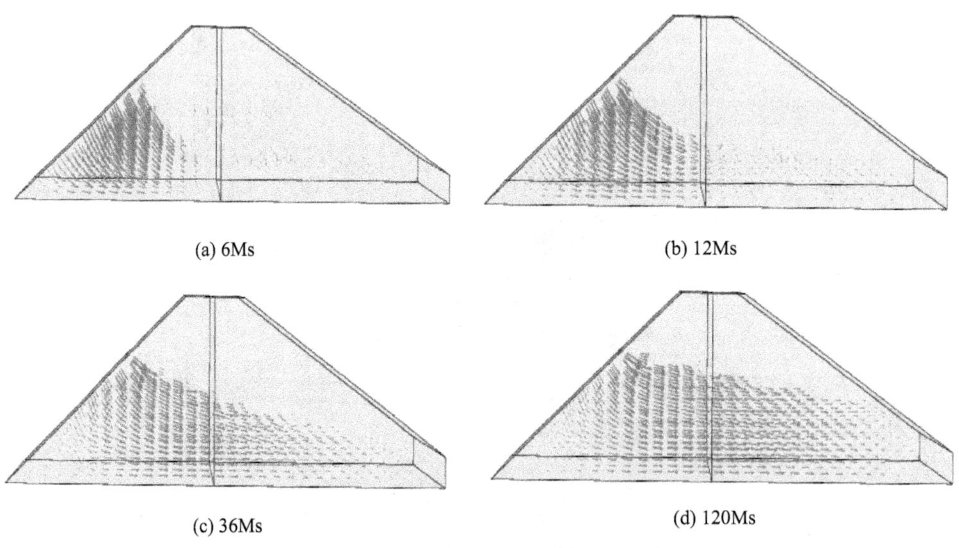

(a) 6Ms　(b) 12Ms

(c) 36Ms　(d) 120Ms

图 4.2.6　不同时刻（月）坝体内流速矢量

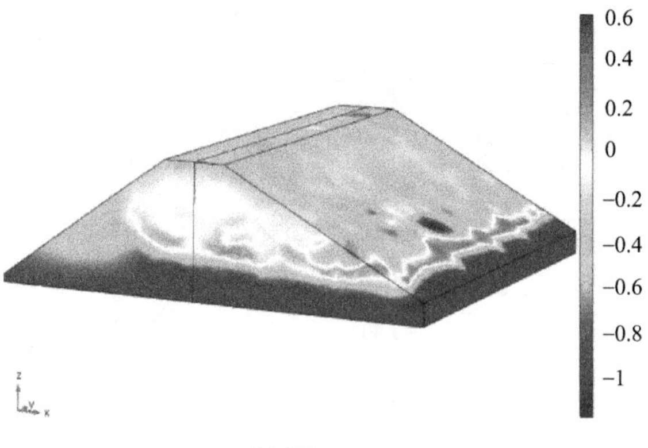

(a) 6Ms

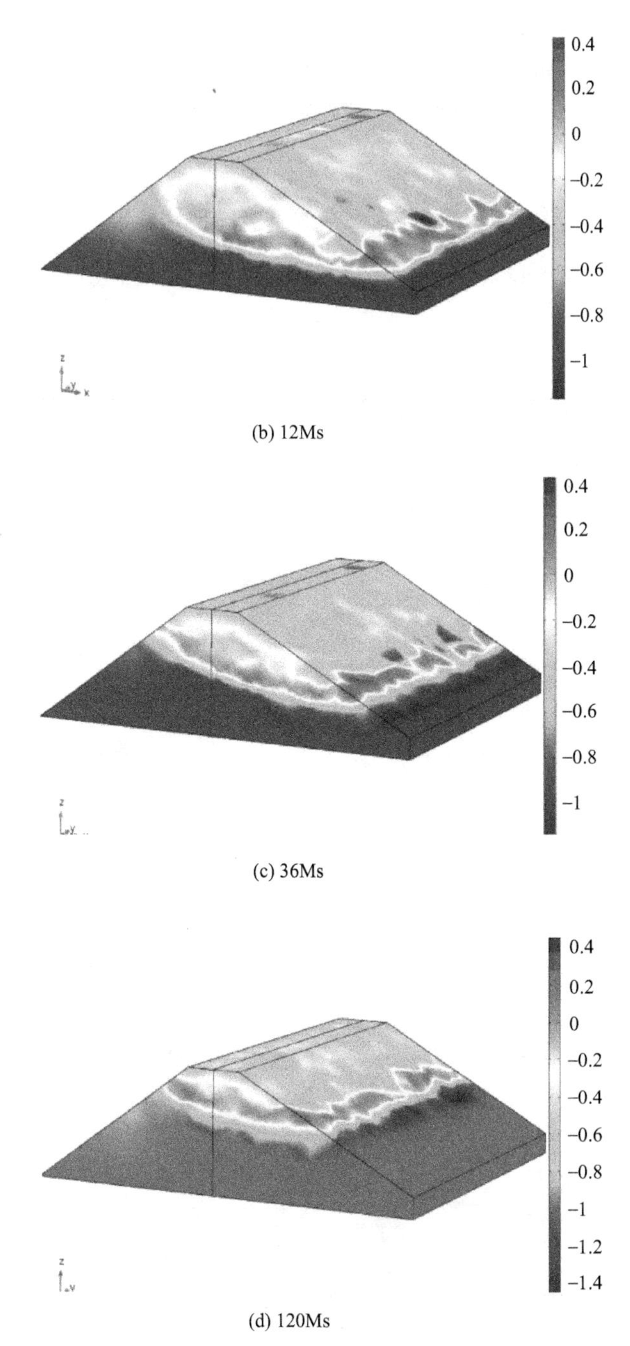

(b) 12Ms

(c) 36Ms

(d) 120Ms

图 4.2.7　不同时刻（月）坝体内各单元节点渗透比降

由以上三图分析可知，土石堤坝在常水头作用下，初始阶段坝体内水头迅速下降，等水头线相对均匀，随着渗透演变，坝体内浸润线逐渐抬高，渗透水头随着时间推移，变化越来越小，最终趋于稳定。渗流场中流速分布与浸润线密切相关，越靠近背水面坡初始流速越小，随着坝体材料不断地渗透破坏，坝体内流速逐渐增大，至坝体形成贯通通道，流速及浸润线相对稳定。

由筛分试验获得土体不均匀系数：

$$\eta=\frac{d_{60}}{d_{40}}=\frac{0.65}{0.24}=2.71<10 \tag{4.2.26}$$

故判断该土石坝体材料渗透破坏形式以流土为主，由式(4.2.24) 计算可知其临界比降约为 1.42。

为准确获得渗流场演变过程中土石堤坝内部三维电场分布规律，数值模拟过程中在模型坝顶中央处设置电流强度为 10A 的点电源为模型供电，由此可连续获得渗流场变化中坝体内部三维电场的电位等势线分布，分别如图 4.2.8 和图 4.2.9 所示。

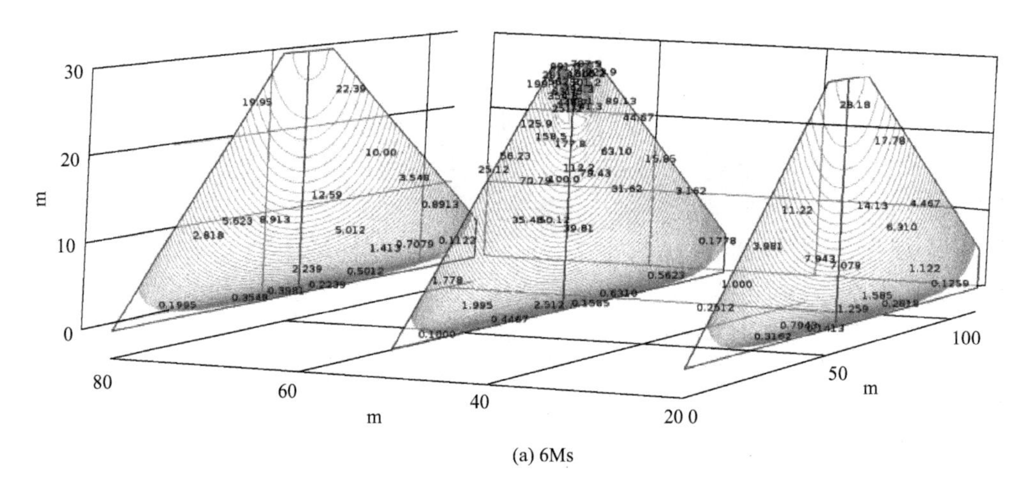

(a) 6Ms

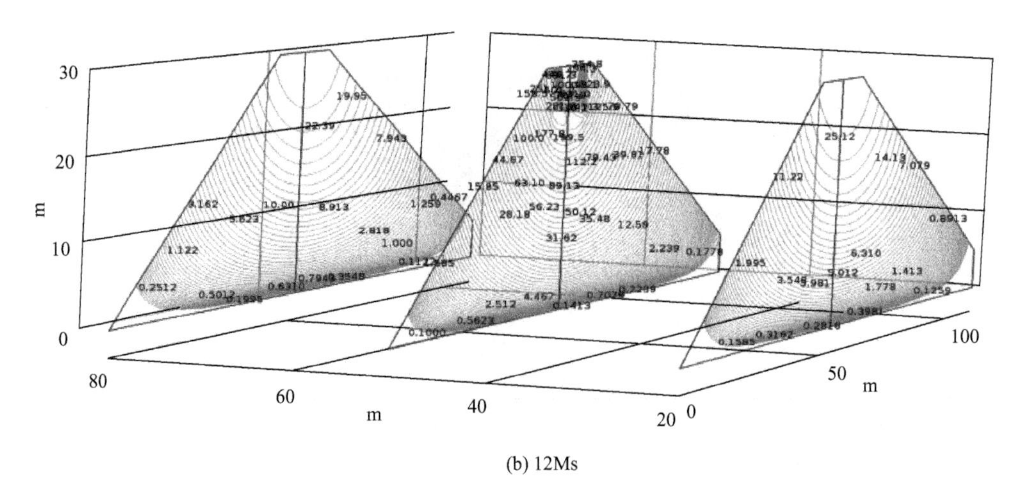

(b) 12Ms

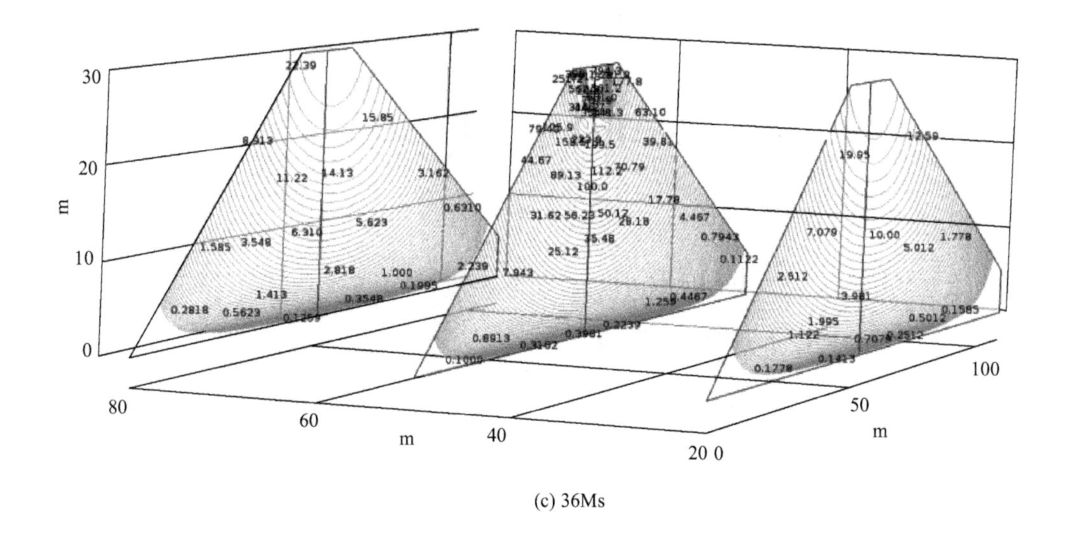

(c) 36Ms

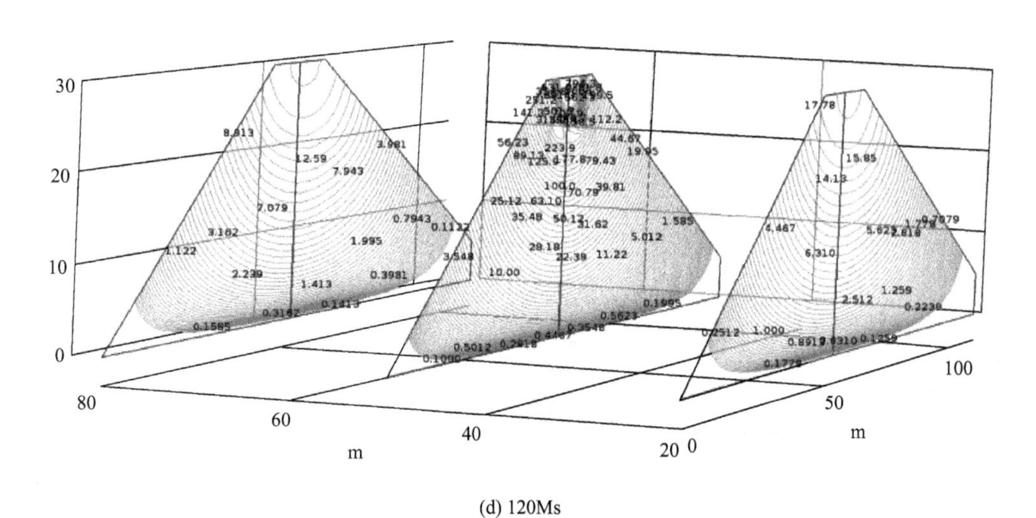

(d) 120Ms

图 4.2.8　不同时刻（月）坝体内横断面电位等势线分布

由图 4.2.8 及图 4.2.9 分析可知：在点源供电电流相同的情况下，同一时刻电场中电位分布呈现距点源点距离增大而减小的规律，这与理论式(2.3.10）规律完全对应，且随着渗透进行，浸水区电位呈现先减小后逐渐趋于稳定的规律，而未浸水区电位基本保持不变。

渗透水头作用下，坝内水体的不断浸润导致坝体内含水量增大，进而引起坝体内电阻率产生变化，不同时刻坝体内电阻率如图 4.2.10 所示。

通过单元各节点 J 与 J_c 对比，可判断该点土体是否达到渗透变形破坏。模拟发现，坝体在渗透 120 个月时浸润线下方约 1m 处土体渗透比降达到 1.42，由

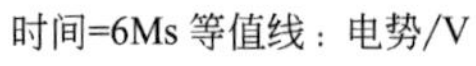
时间=6Ms 等值线：电势/V

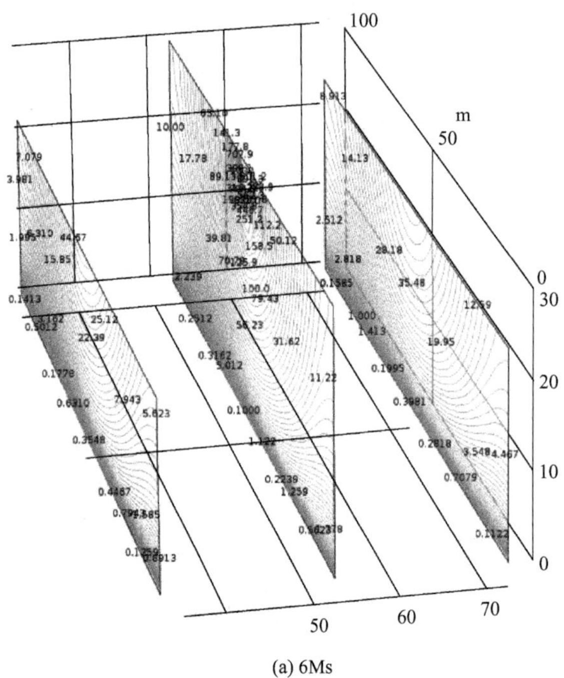
100
m
50
0
30
20
10
0
50
60
70

(a) 6Ms

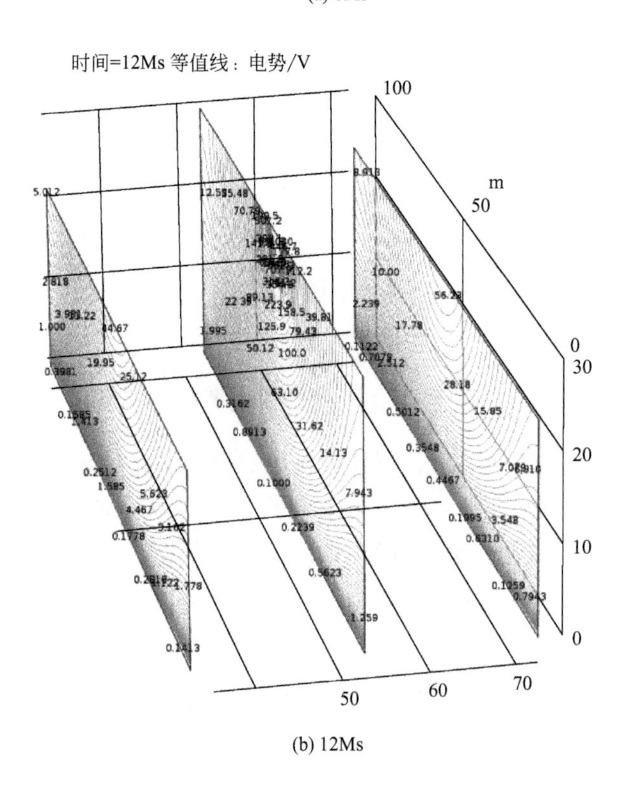
时间=12Ms 等值线：电势/V
100
m
50
0
30
20
10
0
50
60
70

(b) 12Ms

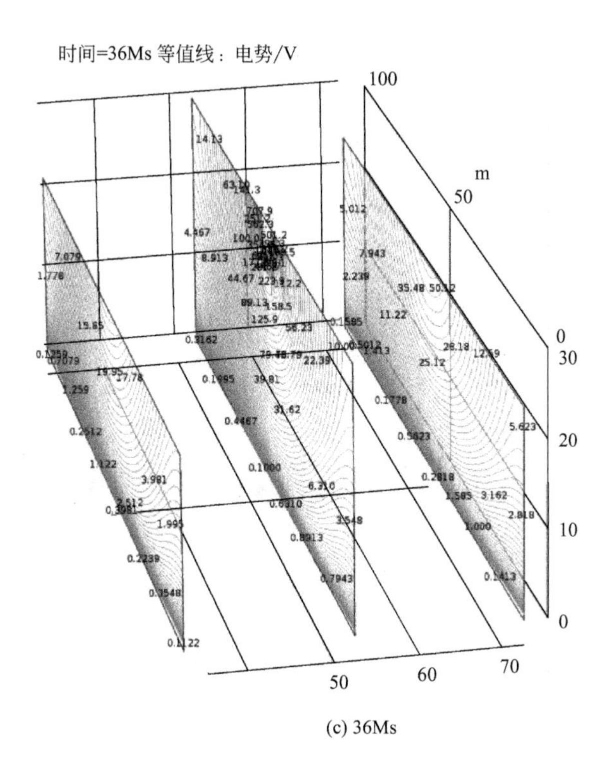

(c) 36Ms

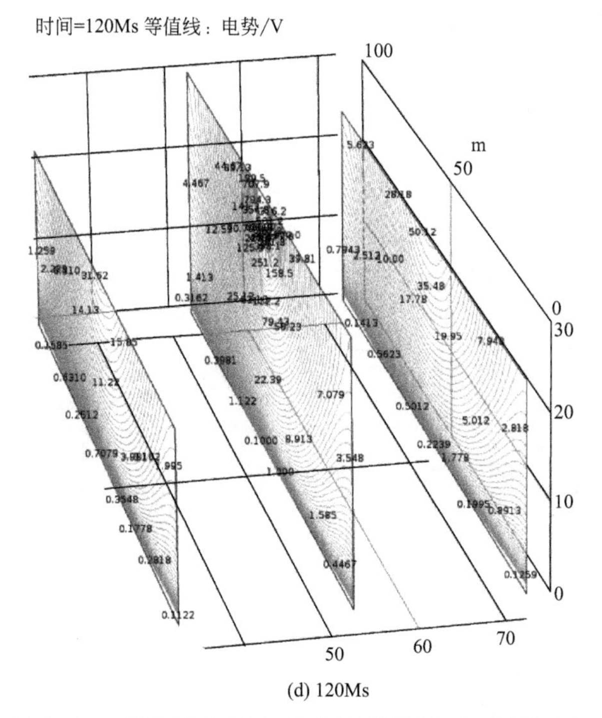

(d) 120Ms

图 4.2.9 不同时刻（月）坝体内纵断面电位等势线分布

式(4.2.24) 判断该位置土体出现变形破坏，如图 4.2.7(d) 所示，此时对应电阻率见图 4.2.10(d)。由渗流场及电场关联模型分析可知，渗透变形破坏处各单元土体平均电阻率为 33.24Ω·m，较之于该处各单元土体饱和后相对稳定状态时的电阻率 49.19Ω·m，变化率约为 32.4%。

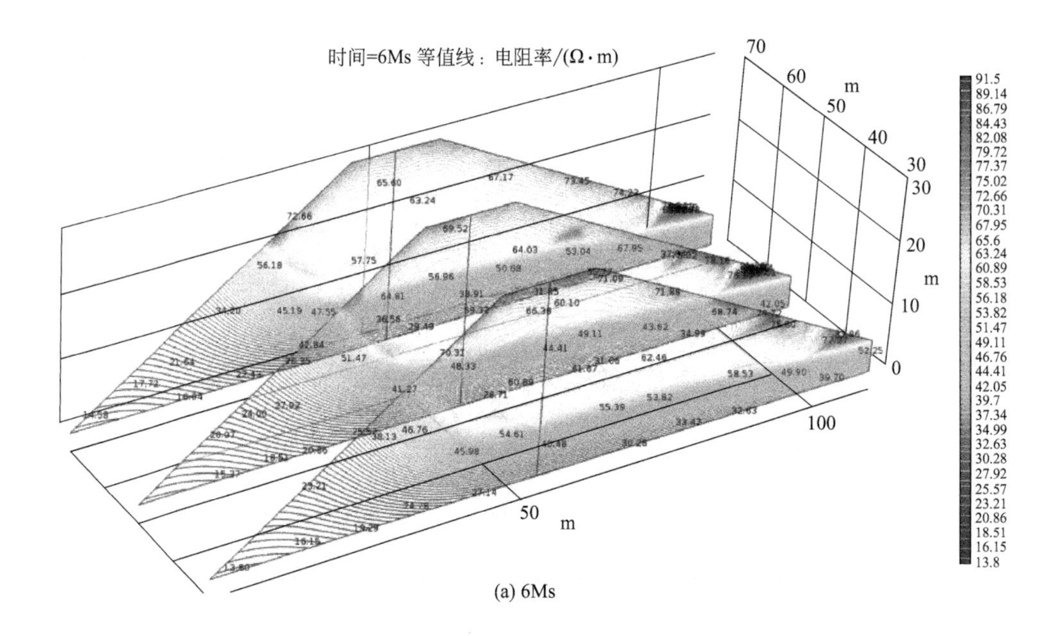

(a) 6Ms

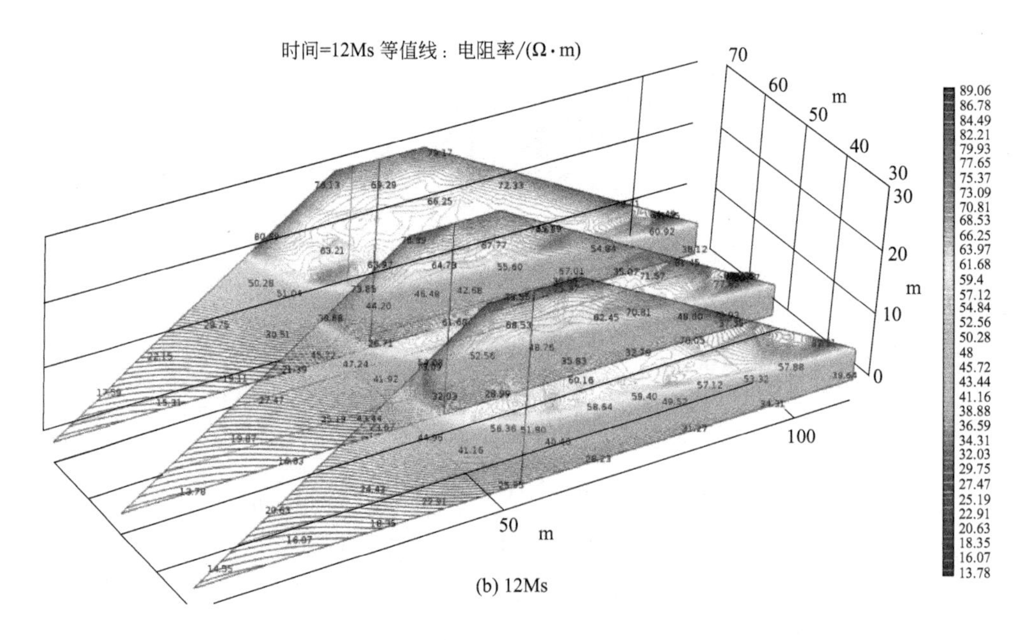

(b) 12Ms

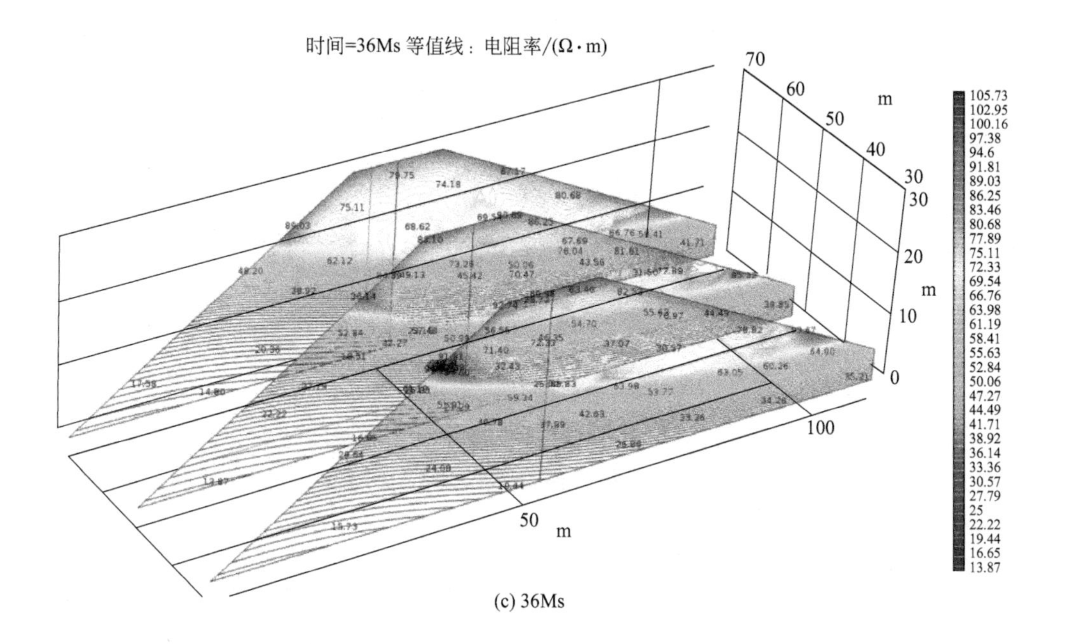

(c) 36Ms

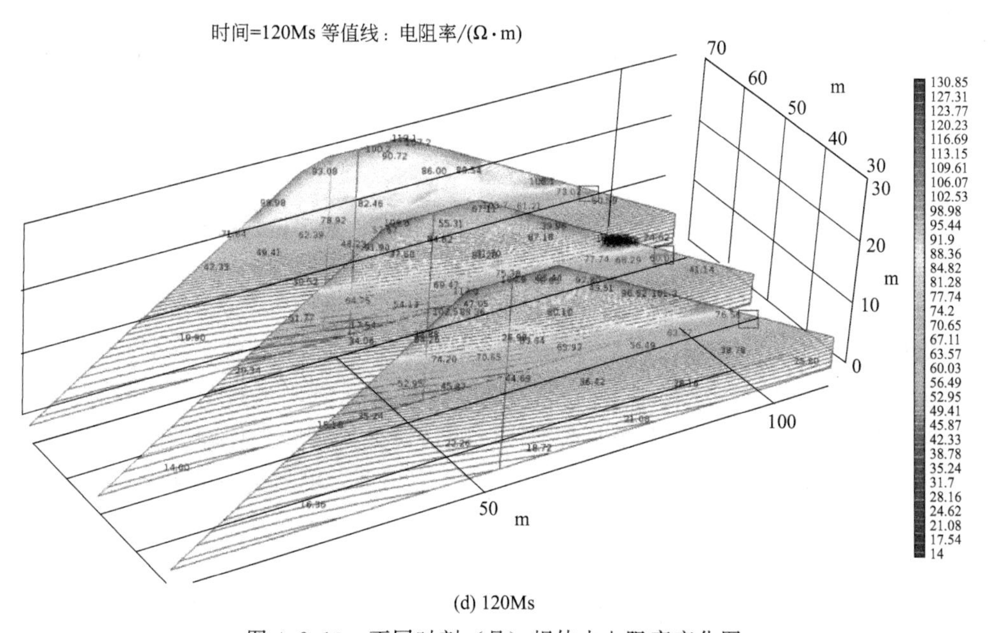

(d) 120Ms

图 4.2.10 不同时刻（月）坝体内电阻率变化图

同理，通过上述操作可获得不同土石比模型在不同压实度条件下渗透破坏时渗流场及电场分布图，限于篇幅，此处只给出土体破坏单元的对应电阻率变化率，如表 4.2.1 所示。

表 4.2.1 不同土石比、不同压实度模型流土破坏电阻率变化率

土石比	压实度	电阻率变化率	土石比	压实度	电阻率变化率
9∶1	90%	45.6%	7∶3	90%	53.1%
	92%	37.1%		92%	47.8%
	95%	30.4%		95%	40.2%
	98%	26.7%		98%	32.4%
5∶5	90%	54.5%	4∶6	90%	62.1%
	92%	50.8%		92%	51.9%
	95%	41.7%		95%	33.5%
	98%	38.8%		98%	43.9%

由表 4.2.1 可以看出，不同土石比、压实度模型渗透破坏时的电阻率在土体饱和的基础上仍会产生较大变化，验证了渗透饱和并不一定使坝体材料的骨架效应产生破坏，因此采用电阻率法检测土石堤坝渗漏，电阻率低阻区并不意味着坝体材料出现变形破坏。由 Sava[144] 建立的理论式 $\rho=a\rho_{w}\phi^{-m}S_{r}^{-p}$ 分析可知，坝体吸水饱和后最终破坏是由其孔隙率改变导致的，因此，通过渗流场与电场关联模型分析获得的土石堤坝渗漏诊断才更具现实意义。通过渗流场演变模拟，明确了坝体材料渗透变形破坏的电阻率判定依据，获得了渗流场中不同土石比、不同压实度坝体材料渗透破坏时的电阻率，在此基础上，确定了动稳定状态下电阻率至渗透破坏时电阻率的变化率，该研究结果可为土石坝体材料渗漏破坏提供诊断依据。

4.3 含不同隐患类型堤坝渗流场及三维电场数值模拟

为进一步研究非均质坝体内部隐患体在渗流场中水头、流速分布特征，以及相应电场中电位、电荷分布特征，本书选取典型渗漏通道及孔洞隐患模型，在 COMSOL 软件平台中进行数值模拟研究，并将渗流场中隐患体的三维电场分布响应特征与理论数值模拟结果进行对比分析，分析结果可为后期电阻率监测提供准确的数据支撑。

4.3.1 基于渗漏通道渗流场分布的三维电场响应特征分析

为更好地获得渗流场中非均质堤坝隐患体的三维电场响应特征，本书基于渗流场与电场关联研究，在均质堤坝内部迎水面距离坝体底部 5m 处设置斜率为 2%、直径为 0.3m 的贯通通道，模型其余设置同前，如图 4.3.1 所示。

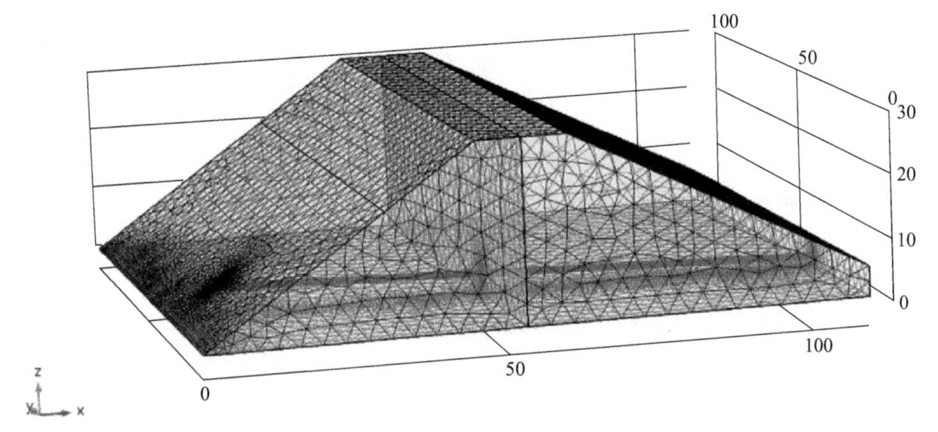

图 4.3.1　渗漏通道隐患模型（单位：m）

此时，渗流场中水头、流速分布分别如图 4.3.2、图 4.3.3 所示。

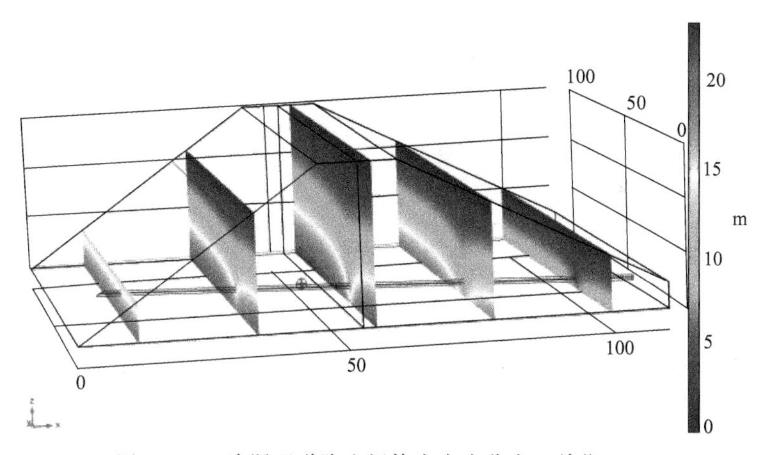

图 4.3.2　渗漏通道隐患坝体内水头分布（单位：m）

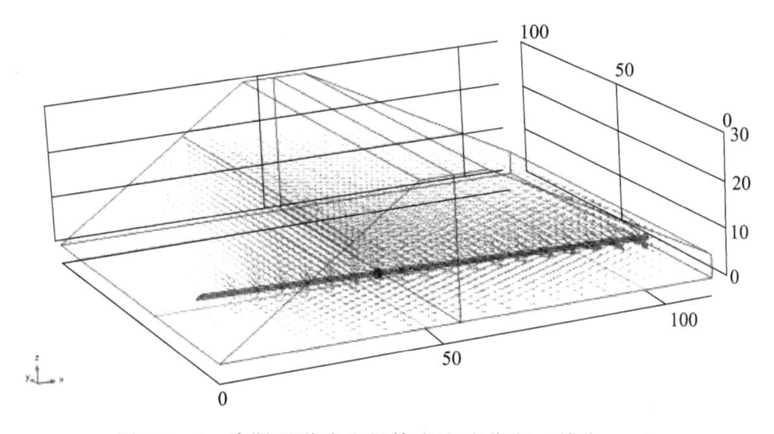

图 4.3.3　渗漏通道隐患坝体内流速分布（单位：m）

由图 4.3.2 和图 4.3.3 可以清晰地看出，渗漏通道处水头降低，渗流场中通道周围水体流向渗漏通道，增加通道内部渗流量，导致通道内流速加快，挟沙冲刷能力增强，验证了堤坝一旦形成渗漏通道，坝体溯源破坏性很强的结论。

为获得渗流场中渗透通道隐患的电场响应特征，在隐患模型坝顶中央采用电流强度 10A 的点源为模型供电，可得到坝体两场关联时电位等势线分布、电荷密度分布及电阻率等势线分布，分别如图 4.3.4、图 4.3.5、图 4.3.6 所示，为清楚起见，对图 4.3.4 进行了局部放大。由图 4.3.4(b) 可以明显看出，电位等势线在渗漏通道位置发生“吸引”偏折，且电荷密度同样在渗漏通道位置出现累积，由电场强度理论及电流连续理论可解释偏折产生的原因，这与第 3 章理论数值模拟计算所出现的电场响应特征一致。电阻率等势线值显示，在渗漏通道及其周围电阻率值大约为 12，与水的电阻率相同，由此可知基于渗流场与电场关联的数值模拟结果可信度较高。

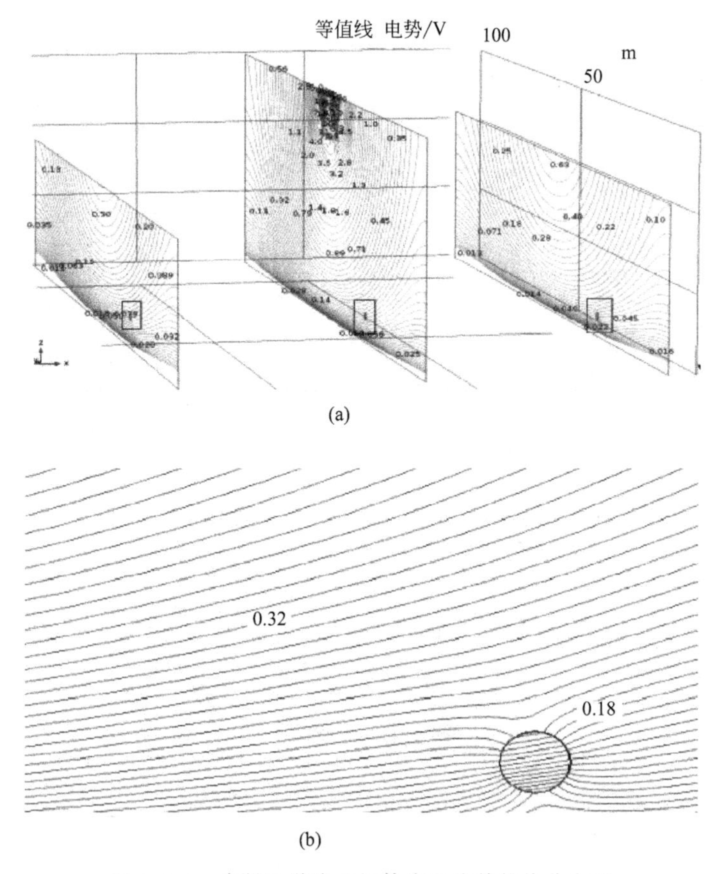

(a)

(b)

图 4.3.4　渗漏通道隐患坝体内电位等势线分布图

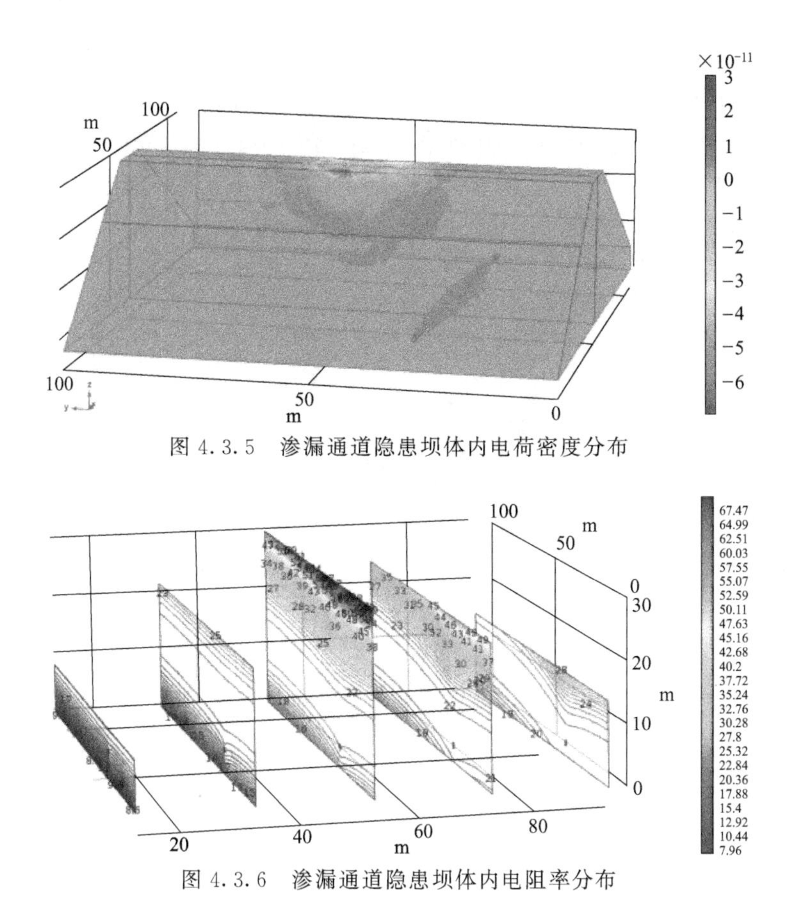

图 4.3.5　渗漏通道隐患坝体内电荷密度分布

图 4.3.6　渗漏通道隐患坝体内电阻率分布

4.3.2　基于孔洞隐患渗流场分布的三维电场响应特征分析

基于前述思路，在均质堤坝内部距离迎水面 50m，距离坝体底部 10m 设置斜直径为 0.5m 的孔洞，模型其余设置仍同前，如图 4.3.7 所示。

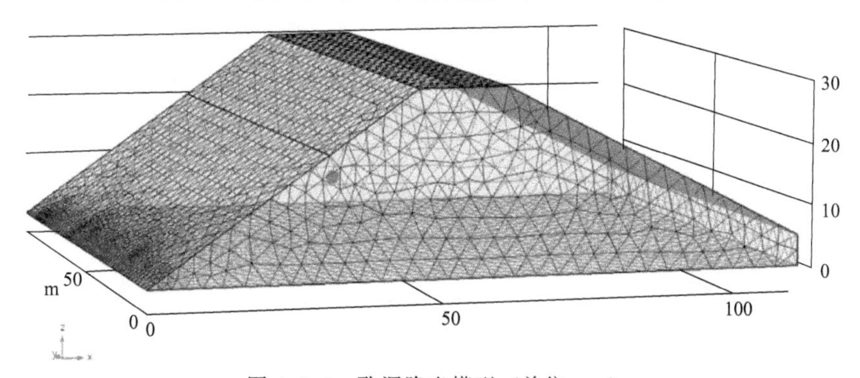

图 4.3.7　孔洞隐患模型（单位：m）

由于孔洞隐患内可能存有高阻空气和低阻水两种可能，因此将其渗流场与电场相应特征分开模拟，渗流场中水头和流速分布分别如图 4.3.8 和图 4.3.9 所示。由图可以看出，非均质堤坝中孔洞隐患由于阻力较小，周围水体在渗流压力作用下会流向隐患体，但相同尺寸孔洞隐患的渗流场并未因孔洞内充填物的不同而产生改变，二者基本一致，由此可确定，仅仅通过渗流场判断孔洞隐患及其发展状态的方式不可行。

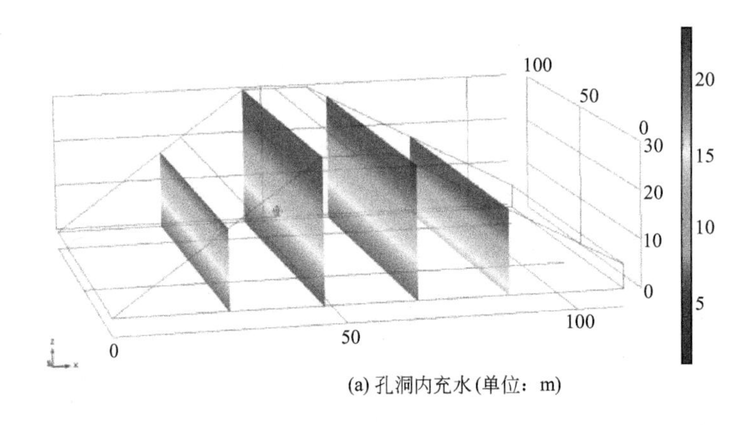

(a) 孔洞内充水(单位：m)

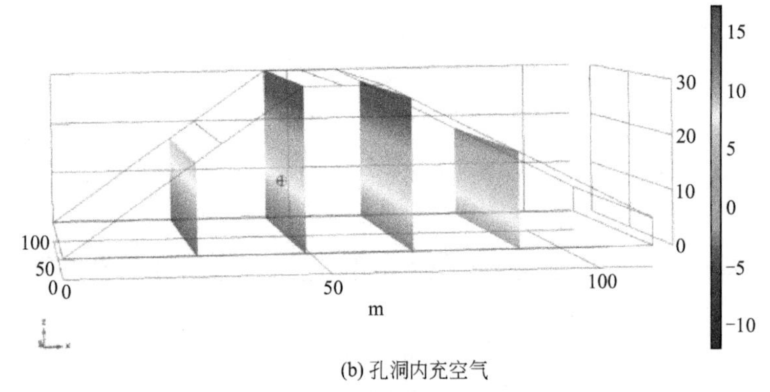

(b) 孔洞内充空气

图 4.3.8　孔洞隐患坝体内水头分布

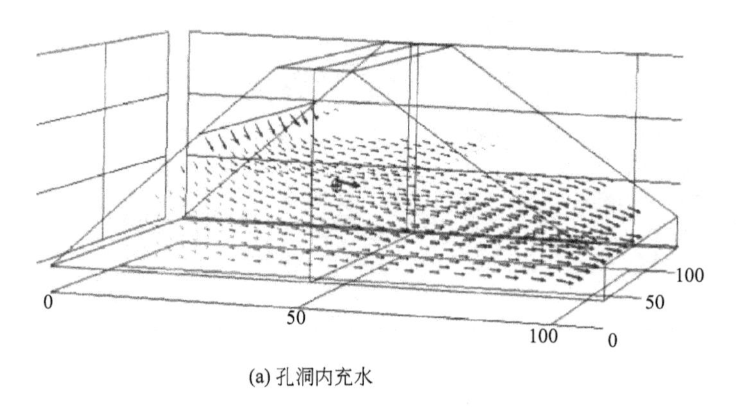

(a) 孔洞内充水

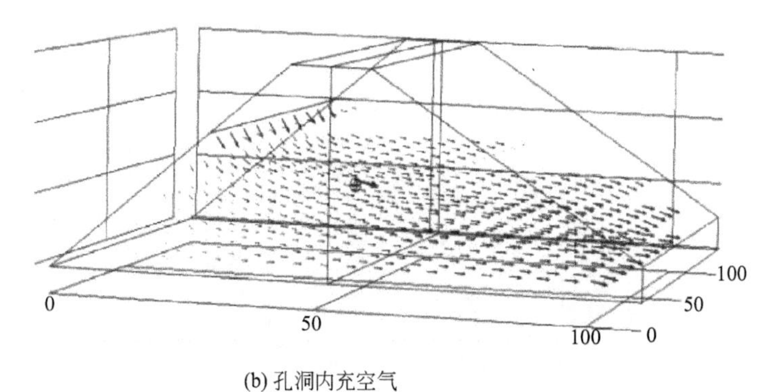

(b) 孔洞内充空气

图 4.3.9 孔洞隐患坝体内流速分布（单位：m）

在渗流场隐患体的仿真模拟中，仍然采用电流强度 10A 点源为隐患模型供电，可得到孔洞隐患模型的三维电位等势线分布、电荷密度分布及电阻率等势线分布，分别如图 4.3.10、图 4.3.11、图 4.3.12 所示。

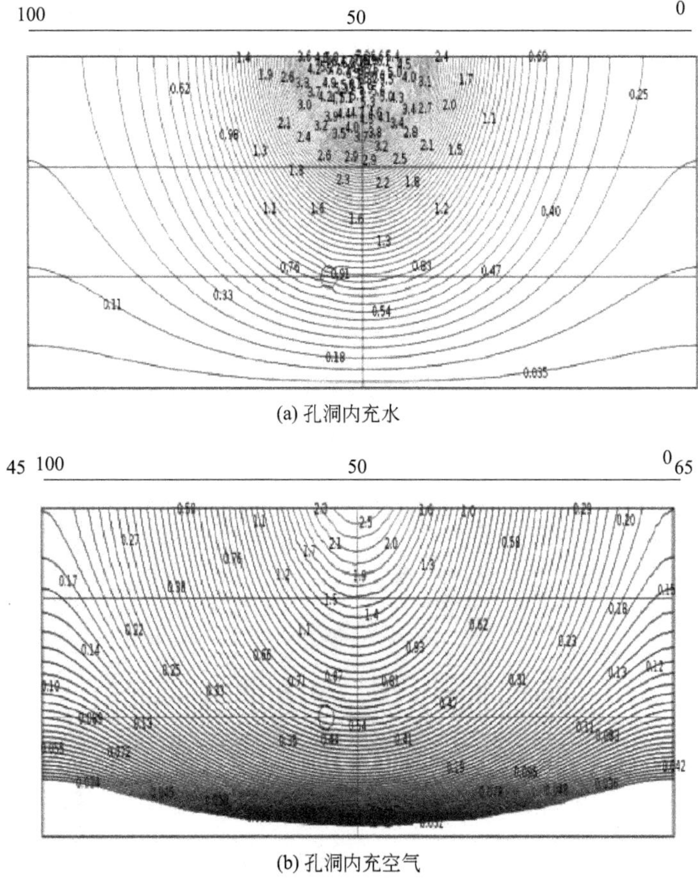

(a) 孔洞内充水

(b) 孔洞内充空气

图 4.3.10 孔洞隐患坝体内电位等势线分布

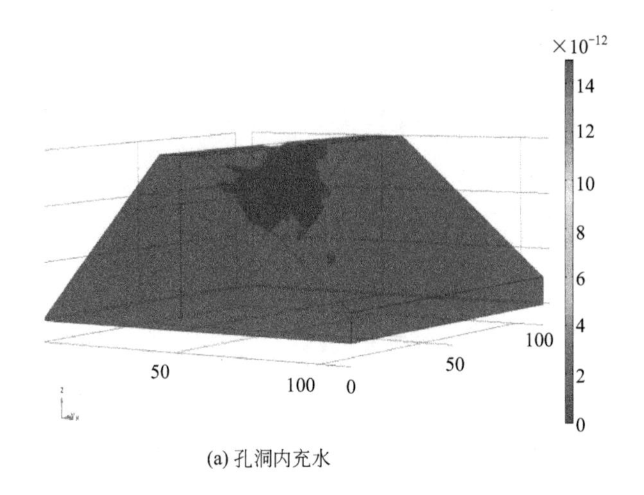

(a) 孔洞内充水

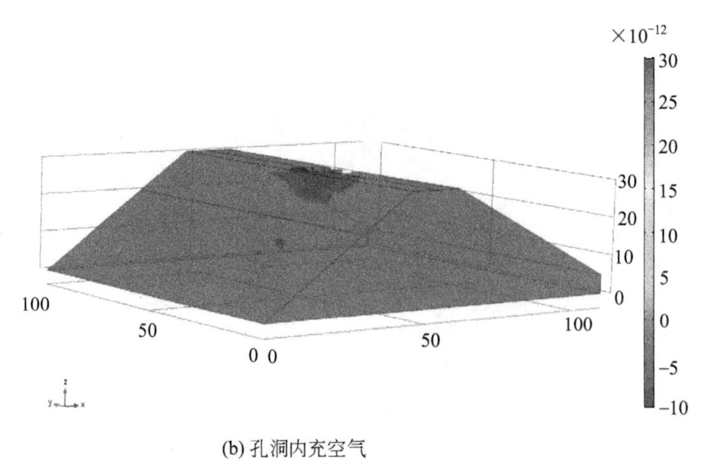

(b) 孔洞内充空气

图 4.3.11　孔洞隐患坝体内电荷分布（单位：m）

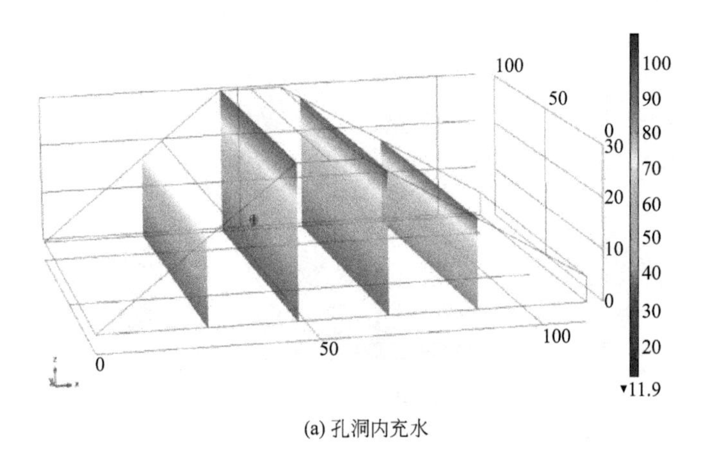

(a) 孔洞内充水

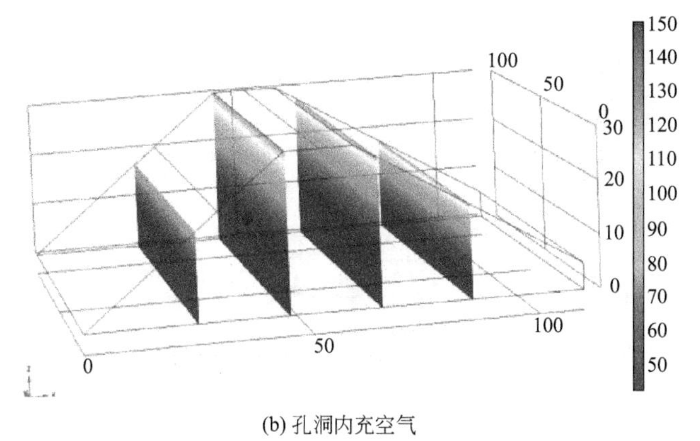

(b) 孔洞内充空气

图 4.3.12　孔洞隐患坝体内电阻率分布（单位：m）

由以上三图分析可知，虽然孔洞隐患的高低阻并未引起渗流场变化，但隐患体介电常数改变后，电场的变化却截然不同，图 4.3.10 显示，孔洞的低、高阻分别引起隐患体周围电势线发生低阻“吸引”和高阻“排斥”偏折，这又与第 3 章理论模拟结果一致。同时，洞体的低、高阻引起隐患体内部电荷净流入积累和净流出分散完全相反，与电场分布理论完全对应。进一步证明将渗流场与电场关联研究的方式可行。

4.4　基于渗流场演变的土石堤坝三维电场变化规律分析

土石堤坝渗流演变过程中，渗流场改变导致坝体材料物性差异发生变化，三维电场随之改变。基于渗流场与电场关联模型，研究了土石堤坝渗流场演变过程中三维电场变化规律，不同时刻不同土石比、不同压实度坝体材料电阻率随渗流水头的变化过程如图 4.4.1 所示。

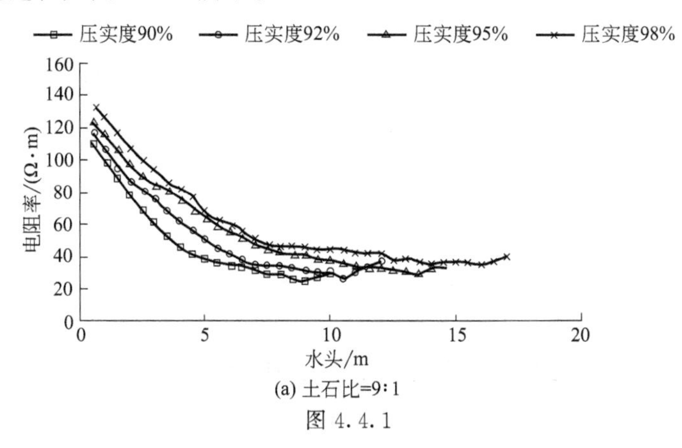

(a) 土石比=9∶1

图 4.4.1

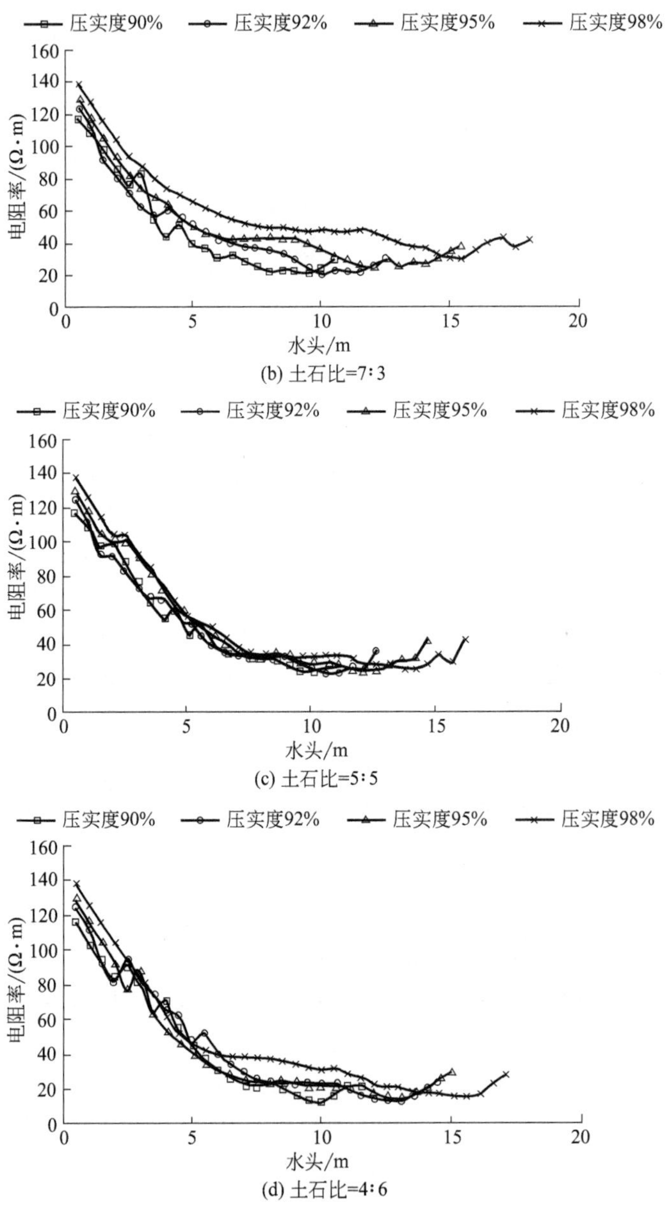

图 4.4.1 电阻率随水头变化

由图 4.4.1 可以发现，不同土石比、压实度坝体材料渗流场演变过程中，渗流水头作用使得电阻率变化大致经历先迅速下降后逐渐稳定最后震荡上升三个阶段。其中稳定段电阻率随土石比减小而降低，各稳定段电阻率见表 4.4.1。相同土石比下，材料压实度越高，改变稳定段电阻率所需水头越大；压实度相同条件下，土石比越小，改变稳定段电阻率所需水头越大。随着渗透水头进一步加大，坝体材料电阻率进一步降低，随着孔隙结构破坏，坝体材料电阻率开始震荡上升，破坏电阻率见表4.4.2。

表4.4.1 不同土石比、不同压实度材料的稳定段电阻率 单位：Ω·m

土石比	压实度	稳定段电阻率	土石比	压实度	稳定段电阻率
9∶1	90%	43.21	7∶3	90%	37.61
	92%	40.79		92%	38.33
	95%	50.96		95%	43.71
	98%	54.61		98%	49.19
5∶5	90%	46.34	4∶6	90%	37.97
	92%	44.25		92%	34.67
	95%	40.47		95%	27.37
	98%	45.42		98%	42.67

表4.4.2 不同土石比、不同压实度材料的破坏电阻率 单位：Ω·m

土石比	压实度	破坏电阻率	土石比	压实度	破坏时电阻率
9∶1	90%	23.51	7∶3	90%	17.64
	92%	25.66		92%	20.01
	95%	35.47		95%	26.14
	98%	40.03		98%	33.24
5∶5	90%	21.07	4∶6	90%	14.41
	92%	21.79		92%	16.67
	95%	23.58		95%	18.19
	98%	27.79		98%	21.65

渗流场演变过程中，不同土石比、压实度坝体材料电阻率变化过程虽大致相同，但局部存在明显差异。相同压实度材料在水头较小时电阻率变化率基本一致，但随着水头增大，土石比小的材料会出现电阻率突变，最大变化率约10%。

分析引起上述变化产生的原因可知，渗流场演变过程中，渗透水头作用导致坝体材料浸水，电阻率降低，随着饱和度不断增强，坝体材料的导电结构发生变化，至稳定段孔隙率保持稳定，此时固液两项联合导电。随着渗透水头变化，骨架作用减小，进一步引起材料孔隙结构改变，电阻率随之产生变化，至骨架变形破坏，导电孔隙率减小，电阻率增大。相同压实度条件下，土石比越小，材料骨架效应越明显，因此改变孔隙结构所需的渗流水头越大。同时，压实度越低，材料孔隙结构越复杂，因此渗透过程会出现因导电结构变化引起的电阻率突变。

第5章

土石堤坝电阻率图像处理与识别方法

由前一章渗流场与电场关联模型研究，获得了土石堤坝饱和渗透破坏时电阻率的变化率，同时得到了渗流场中渗漏通道和孔洞隐患的电场响应特征，为采用电阻率图像对比来诊断土石堤坝渗漏提供了诊断依据。本章通过神经网络学习对监测得到的海量图片进行隐患筛选，采用Canny边缘检测、霍夫直线检测、图像色彩空间转换、色彩空间分离等图像对比算法，实现了土石堤坝不同时刻电阻率的图像对比，得到了电阻率图像色素阈值的变化率，给出了土石堤坝渗漏破坏的图像识别方法。

本章基于电阻率图像对比技术，借助数字图像处理手段，采用Canny边缘检测、霍夫直线检测、图像色彩空间转换、色彩空间分离的图像对比算法，对不同时刻土石堤坝电阻率的图像进行对比计算，可得到电阻率图像色素阈值的变化率，从而给出了土石堤坝渗漏破坏的图像识别方法，研究表明：

(1) 运用卷积神经网络学习对渗漏监测过程中获取的海量图片进行隐患自动筛选的方式可行，且训练（学习）图像的样本数量越多，隐患筛选的准确度越高。采用神经网络学习方法，实现了人工难以完成的隐患图像筛选。

(2) 采用灰度化处理参与对比图像的方法可行。处理结果表明，灰度化处理后的图像虽然不可避免地会丢失颜色，但从总体对应效果来看，其色彩对应的亮度等级未发生改变，由色彩描述的图像分布特征未发生任何改变，因此采用灰度化处理的计算结果可以满足图像对比要求。

(3) 实例验证了土石堤坝渗漏破坏图像识别方法的可操作性，程序实现了电阻率图像的对比识别。结果表明，经边缘检测处理后的图像可以达到边界平滑顺直，基本不存在噪点，完全满足图像对比的需求；经图像色彩空间转换、分离后剔除了S、V两通道的影响因素，可降低三分之二的图像对比运算时间，大大提高了对比效率。

5.1 土石堤坝电阻率图像的特征及基本要求

众所周知，电阻率成像数据在采集过程中受电极位置、接地条件、设备参数等影响显著，而数据的采集质量直接决定电阻率成像质量。同时，不同成像工具也会产生不同像素对比度及边缘条件，这些影响因素都会为后续的图像处理、边缘提取及对比计算带来困难。

本章主要针对不同时刻土石堤坝电阻率图像进行对比识别诊断，求解算法中图像的质量、大小、边缘等诸多因素直接影响运算结果，因此获得高质量的电阻率图像是进行图像对比的首要条件。基于此，为了获取相同条件下的对比结果，本书采取以下几种措施满足图像对比要求。

① 固定电极距位置及接地条件。由于电极接地条件的不同会对后续采集数据带来影响，为了达到统一条件下的数据采集，实际操作中所有电极均采用固定位置预埋，将采集仪器自带电极与预埋电极进行连接，接口处采用绝缘处理，以此避免电极扰动带来的位置不定和接地条件不一致的问题。

② 同一位置图像尺寸相同。为使图像对比运算实现一一对应，要求前后对比的两张图像尺寸必须完全一致，因此在成像过程中采取坐标控制法，将图像大小固定于坐标框架中，以此保证同一位置前后对比图像尺寸完全一致。

③ 图像色素统一。由于图像对比最终归为色素对比，因此为保证图像色素的一致性，需预先给成像施加相同的控制条件，设定电阻率图像色素变化间隔的最大值 max=5Ω·m，以此达到各图像像素变化率稳定在可控区间。

④ 电阻率图像采集方式相同。土石堤坝电阻率成像过程中，不同采集布置方式所成图像的差异性较大，因此为达到对比图像前后一致的效果，要求电阻率测量装置前后统一。

通过以上措施，实现了表征对比图像电阻率变化的因素仅限于坝体材料的孔隙率、含水率、土石比，排除其他影响因素的成像干扰。

5.2 土石堤坝电阻率图像的预处理方法

电阻率图像对比识别中，图像采集量大，但大部分图像差异较小，如果采用图像一一对比，时间成本会显著增大，因此必须采取针对性的处理措施，对无隐患图像进行删减，以增加比对效率。此外，采集电阻率数据成像过程中，诸多干扰因素会导致图像或多或少存在噪点，这些噪点本身并无意义，但却会给图像对比结果带来较大影响，因此去除噪点就成为图像对比实现的必要环节。除此之外，保证不同时刻的图像在相同范围内进行比对，也是确保比对精度的重要条件。针对上述诸多图像识别过程中的难点及干扰因素，本书采取神经网络学习、图像灰度化处理的方式预先对图像进行处理，以此确保参与对比图像满足识别要求。

5.2.1 基于卷积神经网络场景标注

基于卷积神经网络场景标注的策略是输入获得采集图像 X，该图像可视为由多尺度超像素组成，即 $X=[x_1,x_2,\cdots,x_n]$，输入图像 X 即为卷积训练的样本。卷积神经网络算法可提供非线性的假设模型 $H_{W,b}(x)$，它包含可训练的参

数 W、b，其中 W 为卷积核的权重，b 表示卷积层的偏移，由此可确定神经网络中卷积层输出为：

$$H_{W,b}(x)=f(W^{\mathrm{T}}x)=f\left(\sum_{i=1}^{n}W_i x_i+b\right) \tag{5.2.1}$$

其中：f 为非线性激活函数，常见的激活函数有 sigmoid 函数和 hyperbolic-tangent 函数，分别表示为：

$$f(x)=(1+e^{-x})^{-1} \tag{5.2.2}$$

$$f(x)=(e^{x}-e^{-x})/(e^{x}+e^{-x})^{-1} \tag{5.2.3}$$

为详细说明神经网络计算过程，以图 5.2.1 所示为例，图中 x_1，x_2，x_3 为输入项，“+1”为偏置项，最右侧 $h_{w,b}(x)$ 为输出项，则其神经网络计算过程为：

$$a_1^{(2)}=f[W_{11}^{(1)}(x_1)+W_{12}^{(1)}(x_2)+W_{13}^{(1)}(x_3)+b_1^{(1)}] \tag{5.2.4}$$

$$a_2^{(2)}=f[W_{21}^{(1)}(x_1)+W_{22}^{(1)}(x_2)+W_{23}^{(1)}(x_3)+b_2^{(1)}] \tag{5.2.5}$$

$$a_3^{(2)}=f[W_{31}^{(1)}(x_1)+W_{32}^{(1)}(x_2)+W_{33}^{(1)}(x_3)+b_3^{(1)}] \tag{5.2.6}$$

$$h_{W,b}(x)=a_1^{(3)}=f\{W_{11}^{(2)}[a_1^{(2)}]+W_{12}^{(2)}[a_2^{(2)}]+W_{13}^{(2)}[a_3^{(2)}]+b_1^{(2)}\} \tag{5.2.7}$$

式中　W_{ij}^{l}——第 l 层第 $l+1$ 层相邻单元的关联参数；

$b_i^{(l)}$——第 $l+1$ 层中 i 单元的偏置项；

a_i^{l}——第 l 层第 i 单元的激活值。

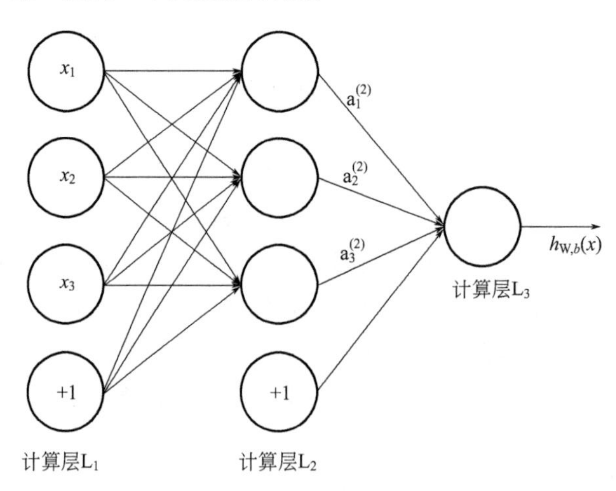

图 5.2.1　神经网络计算

如果采用 $z_i^{(l)}$ 表示第 l 层第 i 单元输入加权和，且将激活函数采用分量表示，则上几式可简单表示为：

$$z^{(2)}=W^{(1)}x+b^{(1)} \tag{5.2.8}$$

$$a^{(2)}=f[z^{(2)}] \tag{5.2.9}$$

$$z^{(3)}=W^{(2)}a^{(2)}+b^{(2)} \tag{5.2.10}$$

$$h_{W,b}(x)=a^{(3)}=f[z^{(3)}] \tag{5.2.11}$$

式中　W——卷积核的权重；

b——卷积层的偏移；

a——激活值。

一旦确定第 l 层的激活值 a^l，则第 $l+1$ 层的激活值 a^{l+1} 就可通过下式得到：

$$z^{(l+1)}=W^{(l)}a^{(l)}+b^{(l)} \tag{5.2.12}$$

$$a^{(l+1)}=f[z^{(l+1)}] \tag{5.2.13}$$

卷积神经网络计算过程中，如果第 t 层为其池化层，则可表示为：

$$H_t=pool(H_{t-1}) \tag{5.2.14}$$

式中　H_t——池化层图像。

此时，输出图像为输入图像 H_0 的类别概率分布 $Y_{(\mathrm{m})}$ 可表示为[149]：

$$Y_{(m)}=PL=l_m/H_0(W,b) \tag{5.2.15}$$

式中　m——索引标签；

l_m——类别标签。

二者均为索引使用。

在卷积神经网络训练过程中，首要问题是确定训练目标，其代价函数为：

$$J(W,b;x,y)=\frac{1}{2}\|h_{W,b}(x)-y\|^2 \tag{5.2.16}$$

为了防止出现过拟合，训练中可在代价函数中添加权重衰减项，这样含有 m 个样例的固定样本集整体代价函数可表示为：

$$\begin{aligned}J(W,b)&=\left[\frac{1}{m}\sum_{i=1}^{m}J(W,b;x^{(i)},y^{(i)})\right]+\frac{\lambda}{2}\sum_{l=1}^{ni}\sum_{i=1}^{sl}\sum_{j=1}^{sl+1}[W_{ji}^{(l)}]^2\\&=\left\{\frac{1}{m}\sum_{i=1}^{m}\frac{1}{2}\|h_{W,b}[x^{(i)}-y^{(i)}]\|^2\right\}+\frac{\lambda}{2}\sum_{l=1}^{ni}\sum_{i=1}^{sl}\sum_{j=1}^{sl+1}[W_{ji}^{(l)}]^2\end{aligned} \tag{5.2.17}$$

上式中第一项为均方差项，第二项为权重衰减项，λ 为超参数，其作用是控制整个网络模型的拟合程度。

针对上述样本训练，本书依照参考文献［149］采用梯度下降法，通过改变卷积核权值以及所对应层次的偏移量达到代价函数最小化的目标，即：

$$W_{ij}^{(l)}=W_{ij}^{(l)}-\alpha\frac{\partial}{\partial W_{ij}^{(l)}}J(W,b) \tag{5.2.18}$$

$$b_i^{(l)}=b_i^{(l)}-\alpha\frac{\partial}{\partial b_i^{(l)}}J(W,b) \tag{5.2.19}$$

样本训练过程中每次迭代均采用式(5.2.18）和式(5.2.19）对 W，b 进行更新，其中 α 是学习控制，其本质目的是控制学习过程中速度梯度的下降。当接受训练的神经网络模型损失率恒定时便完成训练，此时训练参数（W，b）也可随之确定，具体训练步骤如下。

① 由式(5.2.13）计算得到 l_2、l_3…直到输出层 l_{nl} 的激活值。

② 计算输出层每个单元 i 的输出残差。

$$\begin{aligned}\delta_i^{nl} &= \frac{\partial}{\partial z_i^{nl}} J(W,b;x,y) = \frac{\partial}{\partial z_i^{nl}} \frac{1}{2} \| y - h_{W,b}(x) \|^2 \\ &= \frac{\partial}{\partial z_i^{nl}} \frac{1}{2} \sum_{j=1}^{Snl} (y_j - a_j^{nl})^2 = \frac{\partial}{\partial z_i^{nl}} \frac{1}{2} \sum_{j=1}^{Snl} [y_j - f(z_j^{nl})]^2 \\ &= -[y_i - f(z_j^{nl})] f'(z_j^{nl}) = -(y_i - a_i^{nl}) f'(z_i^{nl})\end{aligned} \tag{5.2.20}$$

③ 计算任一层任一节点 i 的计算残差。

$$\begin{aligned}\delta_i^{(nl-1)} &= \frac{\partial}{\partial z_i^{(nl-1)}} J(W,b;x,y) = \frac{\partial}{\partial z_i^{nl-1}} \frac{1}{2} \| y - h_{W,b}(x) \|^2 \\ &= \frac{\partial}{\partial z_i^{nl-1}} \frac{1}{2} \sum_{j=1}^{Snl} (y_j - a_j^{nl})^2 = \frac{1}{2} \sum_{j=1}^{Snl} \frac{\partial}{\partial z_i^{nl-1}} [y_j - f(z_j^{nl})] f'(z_j^{nl}) \frac{\partial z_j^{nl}}{\partial z_i^{nl-1}} \\ &= \sum_{j=1}^{Snl} \left(\delta_j^{nl} \frac{\partial z_j^{nl}}{\partial z_i^{nl-1}} \right) = \sum_{j=1}^{Snl} \left\{ \delta_j^{nl} \frac{\partial}{\partial z_i^{nl-1}} \sum_{k=1}^{Snl-1} [f(z_k^{(nl-1)}) W_{jk}^{(nl-1)}] \right\} \\ &= \sum_{k=1}^{Snl} \delta_j^{nl} W_{ji}^{(nl-1)} f'(z_i^{(nl-1)}) = \left(\sum_{k=1}^{Snl} W_{ji}^{(nl-1)} \delta_j^{nl} \right) f'(z_i^{(nl-1)})\end{aligned} \tag{5.2.21}$$

④ 计算最终需要的偏导数值。

$$\begin{aligned}\frac{\partial}{\partial W_{ij}^{l}} J(W,b;x,y) &= a_j^l \delta_i^{(l+1)} \\ \frac{\partial}{\partial b_i^{l}} J(W,b;x,y) &= \delta_i^{(l+1)}\end{aligned} \tag{5.2.22}$$

通过上述训练步骤的目的是将一幅图像 X 的像素进行空间类别概率转换为 Y，转换后通过不同像素点的空间分布进行场景 L 标注，标注过程中常用概率最大化原则对像素点加以标识[148]，即：

$$l_i = \max Y(i,j) (j \in [1,N]) \tag{5.2.23}$$

式中　i,j——像素点索引和标识索引；

N——总场景标注数。

卷积神经网络学习场景标注，即通过训练获得每幅图像每个像素点在图像空间中的类别分布概率，因此图像标注区域可表示为离散随机场[149]：

$$G=(V,E) \tag{5.2.24}$$

式中 V——各图像所有像素点总和；

E——像素点分布不同区域。

由式(5.2.24) 离散化随机场的能量函数可表示为：

$$E(L)=\sum_{i\in V}\phi(l_i)+\sum_{(i,i^*)\in E}\varphi(i,i^*)+\sum_{c\in S}\gamma(I_c) \tag{5.2.25}$$

式中 (i,i^*)——不同的像素点的组合；

l_i——识别图像中第 i 个像素点的标识类别；

S——识别图像中不同分割区域；

I_c——分割区域 c 内所有像素点。

由此，即可定义整个函数一阶能量势函数：

$$\phi(l_i)=\begin{cases}e^{\{\sigma[1-Y(i,j)]\}} & i=j\\ 0 & i\neq j\end{cases} \tag{5.2.26}$$

式中 σ——超参数，可自由设定。

定义二阶能量势函数为：

$$\varphi(i,i^*)=\begin{cases}\exp[\mu(-\|x_i-x_i{}^*\|^2)] & l_i\neq l_{i^*}\\ 0 & l_i=l_{i^*}\end{cases} \tag{5.2.27}$$

式中 x_i——识别图像中像素点对应值；

x_i^*——映射区域对应点 RGB 值；

μ——超参数，可自由设定。

定义高阶能量势函数为：

$$\gamma(I_c)=\begin{cases}N(I_c)/Q\varepsilon_{\max} & N(I_c)\leqslant Q\\ \varepsilon_{\max} & \text{其他}\end{cases} \tag{5.2.28}$$

式中 $N(I_c)$——分割区域内异常像素点数量；

$\varepsilon_{\max}$——分割区域内所有像素点数量；

Q——截断参数。

至此，可通过卷积神经网络学习实现隐患图片筛选。本书在训练过程中，通过 Res3dmod 正演软件设置大量不同隐患模型，由模型计算获得不同测线上的正演图像进行训练，其中 1000 幅样本图像隐患筛选训练正确率约为 64%，10000 幅样本图像筛选正确率约为 93%，20000 幅样本图像的筛选正确率约为 97%，经过大量不同隐患类型电阻率图像样本的神经网络训练，实现了基于卷积神经网络的隐患图像自动筛选。

5.2.2 土石堤坝电阻率图像灰度化处理

在自然界中，人类通过视网膜上的感光细胞来获取外界图像，再经过大脑处理，便可做出相应的判断。然而对于计算机而言，获取与处理图像并不像人类视觉那么轻松，因此采用计算机处理图像时需要采取固定的算法程序，通过给定计算机“固定思维模式”达到图像处理的目的，因此在给定计算机处理图像时必须满足相应的表示条件。

计算机获取图像的方式很多，例如直接输入获取，通过外接设备（如相机，摄像机）获取等。无论采取哪种方式获得的图像在计算机看来只是一堆亮度各异的点，这些点的表示形式如图 5.2.2 所示。如果约定一幅尺寸为 $M\times N$ 的图像可以表示为 $M\times N$ 矩阵，且矩阵中的值表示对应位置的像素值，该值代表识别区域的亮度，对应点亮度越高表示该点像素值越大。

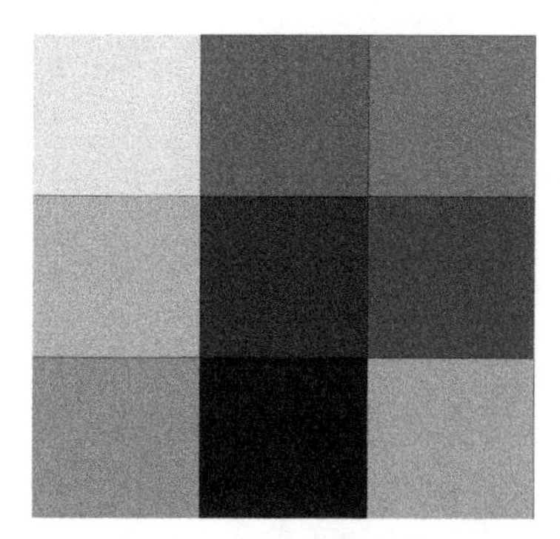

图 5.2.2 图像灰度表示

灰度图通常采用二维矩阵表示，而彩色图要清楚表示往往需采用三维矩阵表示。灰度图的像素亮度范围一般是 0～255 之间的整数，对应颜色由黑到白变化。而彩色图像可由多种模式表达，一种是常用 RGB 色彩模式，这种色彩模式通过对红（Red）、绿（Green）、蓝（Blue）三种颜色通道及其变化获取颜色值，RGB 即代表红、绿、蓝三个通道的颜色，通道颜色一般也介于 0～255 之间；另一种色彩模式则是 HSV 表示的，它是由色调（H），饱和度（S），明度（V）组成[150]。

图像灰度化处理实际上就是将彩色图像转化为灰度图像进行识别处理的简化方式。图像识别过程中彩色图像通道多，像素复杂，如果采用彩色图像直接参与运算则计算量很大，时间较长，产出比不高。而灰度图是由单通道分量表示，图像色彩运算量小，运算速度快。故此，现阶段大部分学者均采取灰度化处理方式解决彩色图像运算量过大问题。

对于色彩模式为 RGB 的图像进行灰度化处理，最终目的是获取色彩加权平均后的灰度值。通常可采取分量法、最大值法、平均值法、权值比重法及感官权值比重法等五种方法。其中，感官权值比重法是从人体生理学角度出发所提出的一种权值计算方法，此方法根据肉眼对颜色敏感度不同而将彩色图像中不同分量的亮度预先分配一定权值比重，从而得到图像灰度值的计算方法。由于感官权值比重法是从人体的直观感受出发建立的基础分配比重，因此从其处理效果上更符合人们的直观感受，且图像处理更易满足简单快速的目的，基于此，本章在图像灰度处理过程中均采用此方法，感官权值比重法的计算公式为：

$$Gray=0.3R+0.59G+0.11B \tag{5.2.29}$$

以某一均质堤坝洞穴隐患坝探测为例，先将电法仪 32 根电极采集的数据进行电阻率成像，选取 X 方向上一条测线沿垂直方向的电阻率变化图，如图 5.2.3 所示。

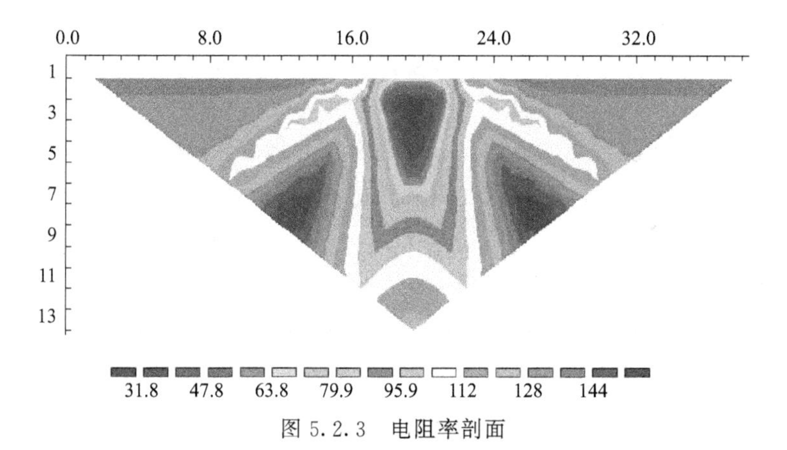

图 5.2.3　电阻率剖面

将图 5.2.3 按照感官权值比重法计算灰度值 $Gray$，再对图像进行原位一一对应，即可完成图像灰度化处理，删除不参与运算的图例坐标，处理后的图像见图 5.2.4。

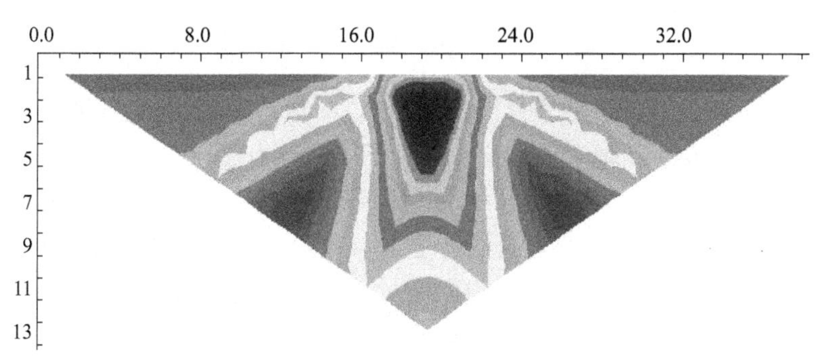

图 5.2.4　电阻率灰度化处理

由图 5.2.3 和图 5.2.4 可以看出，采用灰度图参与计算虽不可避免地丢失颜色，但从总体对应效果来看，其色彩对应的亮度等级未发生改变，由其描述的图像分布特征未产生任何改变，因此采用灰度化处理的计算结果可以满足图像对比要求。

5.3 土石堤坝电阻率图像的识别方法研究

5.3.1 基于 Canny 边缘检测算法的图像边界确立

Canny 边缘检测算法是 John F. Canny 于 1986 年通过研究获得的算法[151]。其主要目的是在不改变原图像属性的前提下，尽可能降低图像运算的数据规模，该算法以其稳定、高效的处理方式深受广大科研工作者青睐。由于该算法在图像对比中能很好的确定堤坝内部由于隐患体范围扩大而带来的图像边界范围的变化，因此采用该方法确立图像边界，方便对比分析同一隐患体部位不同时刻电阻率图像色素的变化范围，鉴于此，本书在边缘检测过程中采用 Canny 算法进行，其实现流程如图 5.3.1 所示。

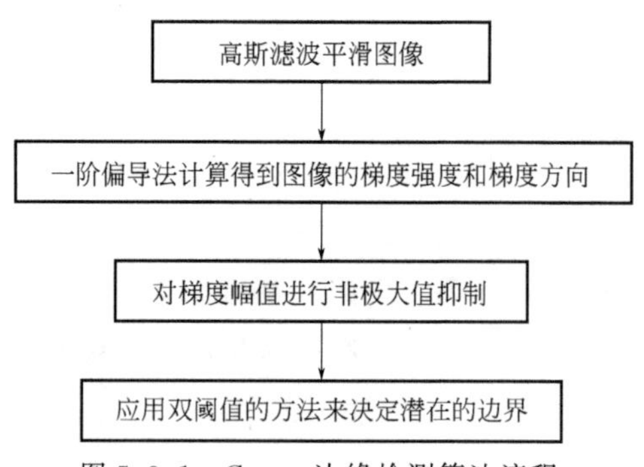

图 5.3.1 Canny 边缘检测算法流程

采用 Canny 边缘检测法进行图像对比，图像自身质量需满足一定的要求，因此对比前往往需对图像采取相应的技术措施进行处理。

① 高斯滤波去噪平滑图像。计算机不同于人体大脑，它在生成、输出图片的过程中由于计算差异图片自身会生成一些噪点，这些噪点对于图像本身没有任何意义，但他们的存在会影响图像对比质量，高斯滤波去噪算法的作用就是消除这些本身无意义但会影响计算精度的噪点。

高斯滤波去噪的主要指导思想是加权平滑，具体是将识别图像中的每个像素点的值都由像素点本身与其周边相邻像素点像素值经过加权平均后获得。二维高斯函数可表示为：

$$h(x,y)=e^{-\frac{x^2+y^2}{2\sigma^2}} \tag{5.3.1}$$

式中 (x,y)——点坐标；

σ——标准差，其表示数据离散度的大小。

要得到一个高斯滤波器的模板，可以先对高斯函数进行离散化处理，用处理后的函数值代表模板新系数。例如：产生一个 3×3 滤波器模板，可以由模板的中心作为原点取样，如此可获得模板在不同位置的具体坐标，如表 5.3.1 所示，其中 $f(i,j)$ 为中心像素。

表 5.3.1　高斯滤波模板坐标变化

$f(i-1,j-1)$	$f(i-1,j)$	$f(i-1,j+1)$
$f(i,j-1)$	$f(i,j)$	$f(i,j+1)$
$f(i+1,j-1)$	$f(i+1,j)$	$f(i+1,j+1)$

经过上述操作，将获得的位置坐标值代入高斯函数式(5.3.1) 中即可得到高斯模板系数。

通过上述操作不难发现，高斯滤波器模板生成过程中最主要参数为标准差 σ，它代表数据离散程度大小，实际处理中如果标准差 σ 较小，则生成模板的中心系数会较大，但中心周边的系数会较小，导致图像平滑处理作用不明显；反之，如果标准差 σ 较大，模板的中心系数会较小，中心周边的系数会较大，图像平滑处理效果会较好。通常情况下可取标准差 $\sigma=0.8$，图 5.2.4 采用 $\sigma=0.8$ 降噪处理后结果如图 5.3.2 所示。

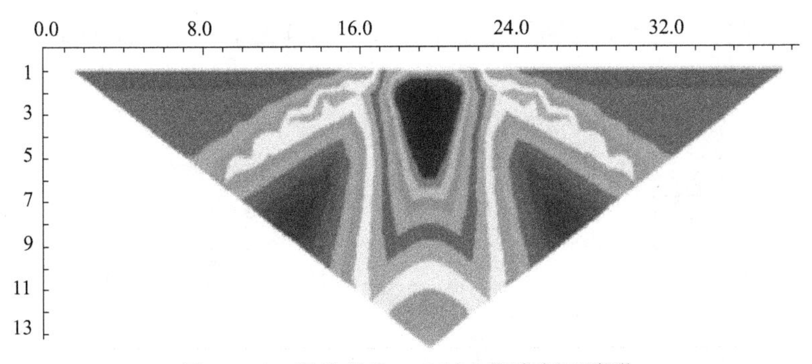

图 5.3.2　标准差为 0.8 时电阻率剖面降噪

② 图像梯度方向选择和梯度强度计算。采用 Canny 算法处理图像的总体思路是获取每幅识别图像中灰度强度变化最大的坐标点位置，图像中灰度强度变化最大地方定义为变化梯度的方向。其计算过程如下。

a. 首先获取识别图像的梯度图，即采用 Sobel 算子分别计算经灰度处理后图像的水平（X 方向）和竖直（Y 方向）的导数，令各点求解后的一阶导数作为其梯度图。

$$G_x(i,j)=[f(i+1,j-1)-f(i,j-1)+f(i+1,j)-f(i,j)+f(i+1,j+1)-f(i,j+1)]/2 \tag{5.3.2}$$

$$G_y(i,j)=[f(i-1,j)-f(i-1,j+1)+f(i,j)-f(i,j+1)+f(i+1,j)-f(i+1,j+1)]/2 \tag{5.3.3}$$

b. 其次根据得到的两幅梯度图 G_x 和 G_y，通过式(5.3.1) 和式(5.3.2) 确定图像边界的梯度强度和方向。

$$Edge\_Gradient(G)=\sqrt{G_x^2+G_y^2} \tag{5.3.4}$$

$$Angle(\theta)=\tan^{-1}\left(\frac{G_x}{G_y}\right) \tag{5.3.5}$$

③ 非极大值抑制控制。获取电阻率识别图像的梯度强度大小和方向过程中，灰度图像自身仍可能存在干扰，此时如果不采取相应的处理措施去除影响较大的干扰点，可能导致计算梯度强度和方向出现偏差，为解决这一问题，本书在实际操作中采取非极大值抑制的方法进行控制。

非极大值抑制控制过程采取对电阻率图像中的每点像素进行梯度计算，由计算结果判定该像素点的梯度是否为相同梯度方向相邻点中梯度最大值，如果是则需进一步判断梯度方向，梯度方向水平则进行前后对比，梯度方向垂直则进行上下对比。

如图 5.3.3(a) 所示，数字代表了像素点的梯度强度，箭头方向代表了梯度方向，由于梯度方向竖向，则在垂直方向进行对比。以第二排第三个像素点为例，由于梯度方向向上，则将这一点的强度 7 与其上下两个像素点的强度 5 和 4 比较，由于上下相邻三点强度比较中，7 所在位置的强度值最大，则 7 予以保

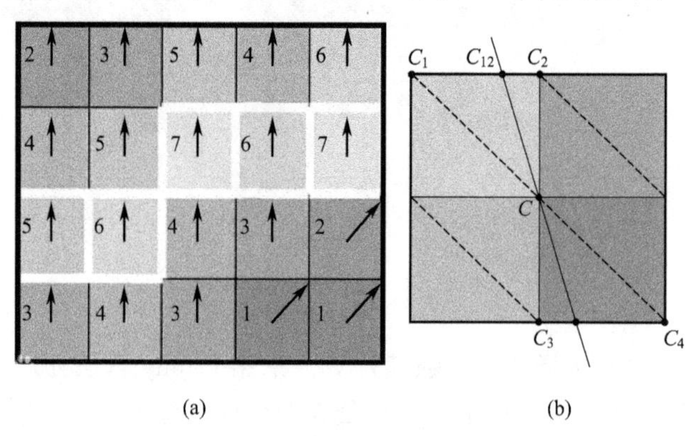

图 5.3.3 计算梯度强度及方向示意

留，相邻的5、4予以剔除，以此类推比较，则可得到每张对比图中沿梯度方向强度最大值。

如果是梯度方向为任一方向，如图5.3.3(b)所示，由于水平及竖直方向上的强度值$M(C_1)$、$M(C_2)$、$M(C_3)$、$M(C_4)$均已知，则可采用线性插值法进行非极大值抑制，具体方法如下：

$$M_{C_{12}}=n\times M_{C_2}+(1-n)M_{C_1} \tag{5.3.6}$$

其中：$n=(|C_{12}-C_2|)/(|C_1-C_2|)$。

由式(5.3.6)可插值计算任一梯度方向上的梯度值，故可将计算结果在任一梯度方向上对比进行非极大值抑制。

④ 双阈值选取控制。如果经过非极大值抑制处理后的图像中仍然存在很多噪声点，满足不了图像对比的精度需要，则需对图像采取进一步降噪措施，此时可采取人为控制技术除噪。Canny算法通过设置阈值上、下界（opencv中通常由人为指定）技术除噪，因此也称为双阈值控制，即通过人为设定方式圈定处理图像的控制范围。

双阈值选取认为，识别图像中凡是像素点值超过设置阈值上界则为强边界，凡是像素点值小于设置阈值的下界则不是边界，介于二者之间的为弱边界，弱边界属于边界处理范畴[152]。如图5.3.4所示。

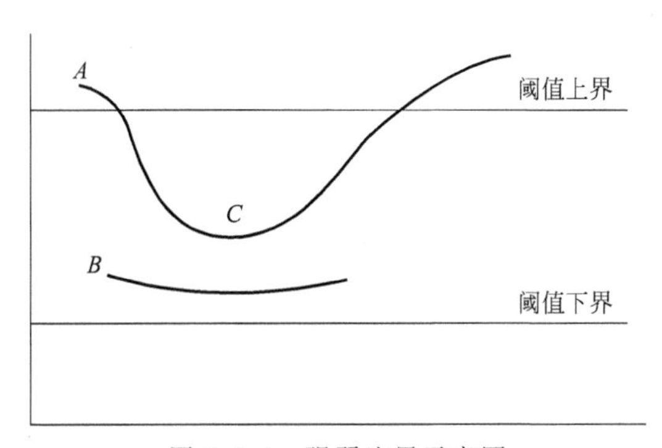

图5.3.4 强弱边界示意图

由图中可以看出：点A大于设置阈值上界故为强边界，属于真正边界，C点小于阈值上界，但大于阈值下界，由于其边界与A相连，故其可被认为属于边界点。而B点虽然低于阈值上界高于阈值下界，但因为它不与真正的边界点相连，故应该被抛弃，通过人为干预的双阈值选取可获得图像各色彩对比的理想边界。

通过上述①～④Canny边缘检测算法处理后，可获得与灰度图像对应的各色彩边界，经边缘检测处理后的图像可以达到边界平滑顺直，基本不存在噪点，从而满足图像对比的需求。

5.3.2 土石堤坝电阻率图像的霍夫直线检测算法

霍夫直线检测就是利用霍夫变换检测图像中的直线。霍夫变换是图像处理中的一种特征提取技术，它可以识别图像中的几何形状，本书采用霍夫直线检测的目的是确保两幅对比图像大小位置相同。

霍夫变换是将图像空间的特征点映射到参数空间并进行投票，以获取符合某些特征形状的点源集合，它实际上是空间映射问题，即将某特定空间中相同形状体转换至其他坐标空间的某点，并在该点上形成峰值，由此可将对比中复杂问题简单化，将某特定空间的形状检测问题转换为另一空间的峰值统计问题[153]。

考虑点和线的对应关系，过空间任意一点（x_1，y_1）的直线可表示为：$y_1=kx_1+b$，将变量和参数互换，已知一个点（x_1，y_1），则过该点的所有直线可统一表示为：$b=-kx_1+y_1$，因此在某空间内具有相同斜率和截距的直线，反映到参数空间上即为一点（k，b）。

如图 5.3.5 所示，图像空间中有三个点（1，1）、（2，2）、（3，3），他们在直线 $y=1x+b$ 上。

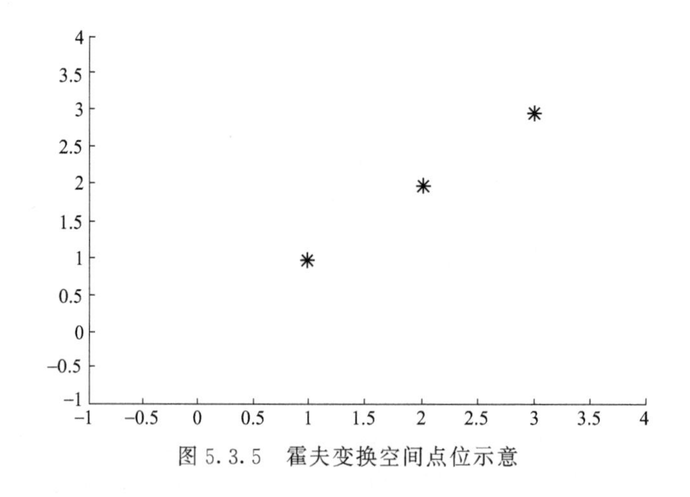

图 5.3.5　霍夫变换空间点位示意

互换参数，在参数空间里这三点对应三条直线：$1=k+b$，$2=2k+b$，$3=3k+b$，此三条线均交于同一点（1，0），这一点即为图像空间中直线的斜率和截距，如图 5.3.6 所示。如果我们能得到这些点，也就得到了图像空间的直线，基于图像空间直线可进行投票。

然而，由于上面的变换不能表示斜率无穷大的情况，对于与 X 轴垂直的直线，斜率不存在，因此无法表示，此时改用参数方程表示：$r=x\cos(\theta)+y\sin(\theta)$，其

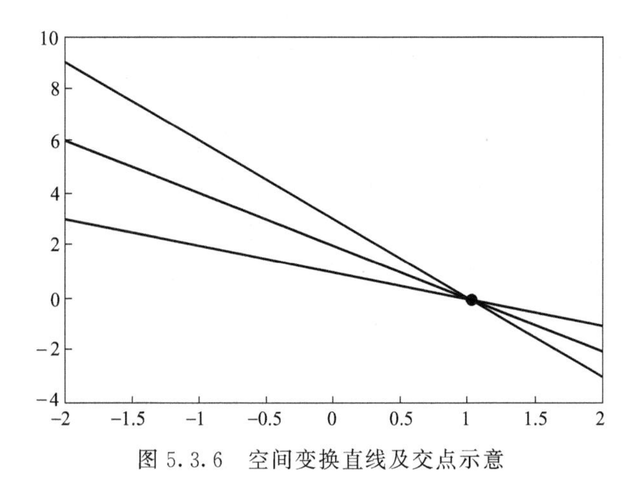

图 5.3.6　空间变换直线及交点示意

中（x，y）表示某一个边缘的像素点，r 表示经过该点直线到原点的距离，θ 表示 r 与 x 正轴的夹角。

本书在实际操作中，遵循以下流程：

① 首先基于 Canny 边缘检测算法获取各对比识别电阻率图像的边缘信息；

② 对边缘图像中的每一个点，在 $k-b$ 空间中画出一条直线；

③ 对各直线上的点，采取“投票”的方法进行累加，即如果有一条直线经过这一点，这一点的值加 1，直至过这点直线累加结束；

④ 遍历 $k-b$ 空间，找出局部极大值点，这些点的坐标（k，b）就是原图像中可能的直线的斜率和截距。

经过霍夫直线检测算法处理后的电阻率剖面图如图 5.3.7 所示，此时检测直线已用加粗线标出。

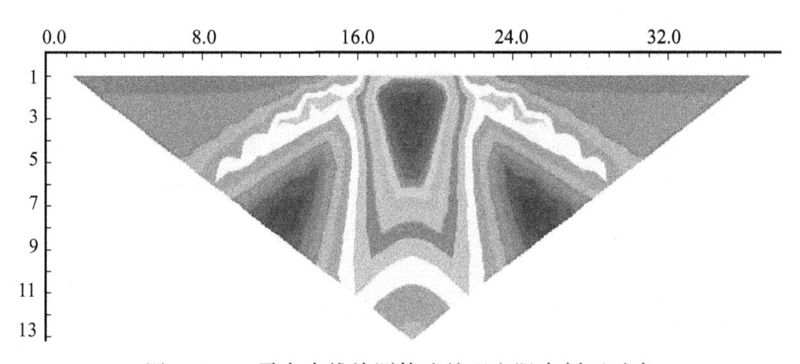

图 5.3.7　霍夫直线检测算法处理电阻率剖面示意

至此，经霍夫直线检测后的图像对比框架进行了完全一致化，可将原位图像进行霍夫直线截取。

5.3.3 土石堤坝电阻率图像色彩空间转换及色彩分离

为了不改变原彩色图像的色彩对比效果，需将灰度化处理后的图像进行原位赋值，以显示其原有的色彩差异性。由于电阻率数据生成的原图为 RGB 三色通道图，如果采用原图进行处理运算效率会大大降低，因此在不改变图像对比效果的基础上降低运算量，可行的方式是将原 RGB 彩色图像转化为由色调（H）、饱和度（S）、明度（V）表示的 HSV 彩色图像，即将原彩色图像进行色彩空间转换，实现这一过程的转换公式如下：

$$V \leftarrow \max(R,G,B) \tag{5.3.7}$$

$$S \leftarrow \begin{cases} \dfrac{V-\min(R,G,B)}{V} & (\text{if } V \neq 0) \\ 0 & (\text{otherwise}) \end{cases} \tag{5.3.8}$$

$$H \leftarrow \begin{cases} 60(G-B)/[V-\min(R,G,B)] & (\text{if } V=R) \\ 120+60(B-R)/[V-\min(R,G,B)] & (\text{if } V=G) \\ 240+60(R-G)/[V-\min(R,G,B)] & (\text{if } V=G) \end{cases} \tag{5.3.9}$$

If $H<0$ then $H \leftarrow H+360$. On output $0 \leqslant V \leqslant 1$，$0 \leqslant S \leqslant 1$，$0 \leqslant H \leqslant 360$

通过式(5.3.7)～式(5.3.9) 的对应关系即可实现原图由 RGB 至 HSV 的空间转换。其中明度 V 等于每个像素中 R、G、B 三通道的最大值，取值范围在 0～1 之间。饱和度 S 是基于明度 V 给出的，取值范围也在 0～1 之间。而色调 H，依据明度 V 的不同取值对应不同的计算公式，其取值范围在 0～360 之间。

实行空间转换后的图像仍由三通道组成，由于我们仅关心色彩变化幅度，不考虑饱和度和明度的变化，因此为进一步提高图像对比的运算速度，需将转换后色彩空间进一步分离。首先根据空间转换后的彩色图像进行三通道变换，根据变换后的结果将 S、V 两通道图像予以剔除，仅将色调 H 单独分离出来，以其色彩信息作为三维电阻率剖面图的量化值，以此实现电阻率图像空间色彩分离，降低图像对比运算量。由于原图像经色彩空间分离后由三通道变为一通道，参与对比运算量降低了三分之二，故运算速度显著提高。

5.3.4 土石堤坝电阻率图像对比的实现流程

土石堤坝渗漏诊断的对比样本，来自监测电阻率数据所形成的三维高质量电阻率图像，将三维图像在同一位置进行二维剖分，所得不同时刻同一位置的二维图像即可作为图像对比的样本。

土石堤坝电阻率图像对比方法的实现流程如下：首先利用卷积神经网络学习自动筛选具有隐患区域的图像并进行场景标注，以此排除大量测线在不同时刻采集的无隐患图像，同时将隐患体重叠区域的图像进行删减，以减少对比工作量；其次，将筛选后存有隐患体的图像进行灰度化处理，减少图像对比过程中的运算量，为图像快速对比处理奠定基础；最后，将处理后的图像采用Canny边缘检测、霍夫直线检测、图像色彩空间转换分离的算法进行图像对比，获得电阻率图像的色素阈值，将不同时刻电阻率图像的色素阈值相减，获得对比图像色素阈值的变化率，从而实现土石堤坝渗漏图像的对比识别。

电阻率图像对比识别方法的核心代码见附录3。

第6章

基于土石堤坝三维电场分布的渗漏诊断方法及工程应用

根据第5章给出的土石堤坝渗漏破坏的图像识别方法，结合第4章获得的土石堤坝饱和渗透破坏的电阻率变化率，本章提出了基于土石堤坝三维电场分布的渗漏诊断方法。为更好地验证前述工作的可行性、可靠性及准确性，以云南某水库土石坝体工程为依托，进行现场测试应用。从数据采集、成像、含隐患图像的判断筛选、数字图像处理、图像对比识别等环节，完整地实现了土石堤坝监测过程的渗漏诊断。

6.1 基于土石堤坝三维电场分布的渗漏诊断方法

6.1.1 基于土石堤坝三维电场分布的渗漏诊断流程

基于前述土石堤坝渗漏破坏的图像识别方法研究的可行性，本章以物性差异为基础，以前述研究为依托，采取高密度电阻率手段对土石坝体进行渗漏诊断。诊断采取以下方式进行：

① 通过高密度电法仪不间断采集、传输数据，将不同时刻采集数据分别进行三维电阻率成像，获得完整的空间数据图像；

② 基于神经网络学习圈定隐患图像范围，对隐患位置进行二维剖分，获得图像对比样本；

③ 采取图像灰度化处理、Canny边缘检测、霍夫直线检测区域裁剪、图像空间色彩转换、图像空间色彩分离等一系列措施降低图像对比计算量，提高对比效率，而后将前后不同时刻同一位置的切片图像色素变化进行对比分析，获得不同对比图像色素阈值的变化率；

④ 根据第4章研究，对比不同土石比材料在渗流场演变过程中饱和渗透破坏允许电阻率的最大变化率，诊断渗流场中隐患体扩展范围内的土体是否出现渗透破坏。

基于土石堤坝三维电场分布的渗漏诊断方法的具体流程如图6.1.1所示。

6.1.2 土石堤坝三维电场测试系统与技术要求

为最大限度减少人为因素干扰，高效采集有效数据，形成高质量的对比图像，土石堤坝三维电场采集测试系统需满足以下基本要求。

① 三维电法采集仪需具有完善的开关自检和接地电阻测试功能。为最大限度地保证成像数据的测试质量，各测线上每根电极均需保持通畅，满足接地电阻要求。

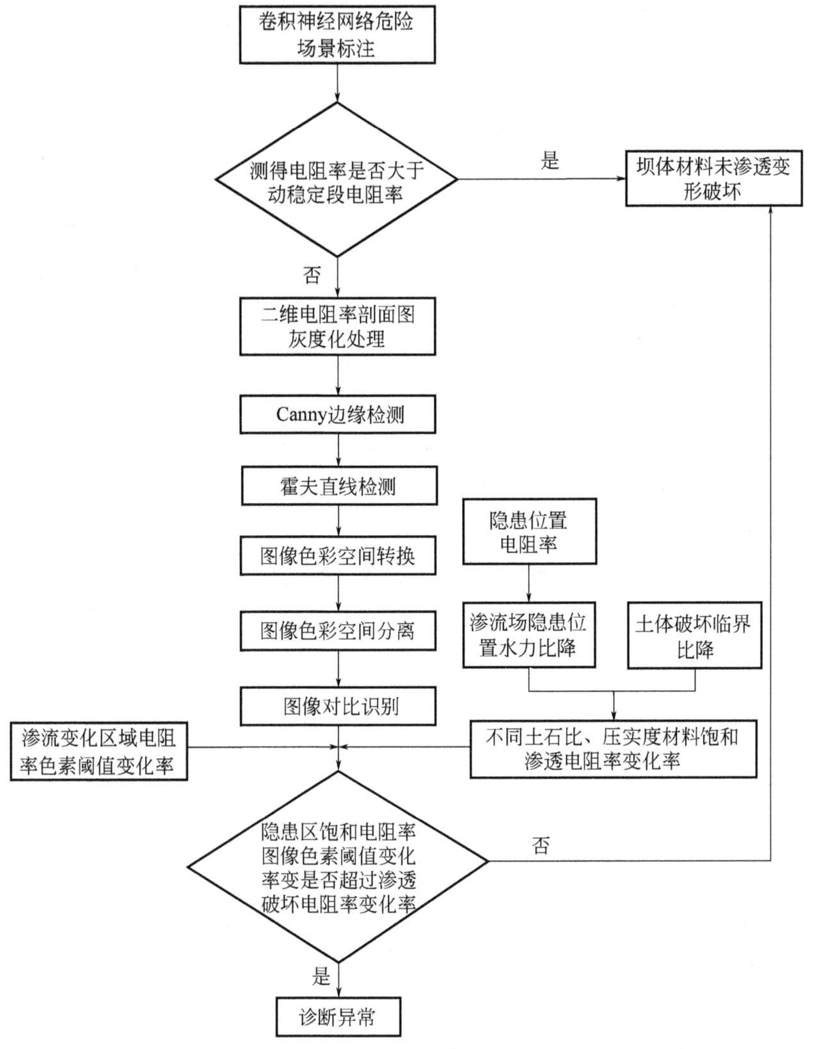

图 6.1.1 土石堤坝渗漏诊断流程

② 采集仪具备程序控制自动跑极功能。为了避免人员跑极带来的差异性影响，保障每根电极不同时刻采集数据的一致性，三维电法采集仪需具备软件控制下的自动跑极功能。

③ 采集数据实时保存功能。三维电法采集仪需具备采集过程中每层数据自动保存功能，具备突然断电情况下采集数据自动记忆保存，通电后自记忆点自动进行数据续采功能，避免重复采集数据产生的叠加，保障对比图像质量。

④ 采集仪具备自电补偿功能。为提高系统测量精度，采集仪需具备自动跟踪补偿自然电位功能，内部自电补偿电路可以根据外部自然电位的情况进行最大幅度为±3V 的自电补偿，当输入信号超界时，系统会根据需要自动进行电位动

态补偿，保障正常采集需要。

⑤ 采集仪具备发现报告畸变数据功能。采集过程中对前后采集差超过 20% 的数据存储需进行提示处理，避免电极扰动带来的畸变数据参与生成图像，提高对比精度。

⑥ 具备选取最优供电方式功能。为有效地消除漂移及电极极化电位的干扰，采集仪需具备最优供电选取功能，同时具备相同条件下自动沿用功能，最大限度降低电极干扰带来的采集数据误差。

⑦ 测试硬件设备及操作环境要求。测试用直径 6mm 的线缆，其中供电线线间电阻 RAB 不大于 10Ω/100m，测量线线间电阻 RMN 不大于 24Ω/100m，极限内压 800V，电流 3A，设备工作温度－10～50℃，湿度≤95%。

通过以上几种措施保障三维电法采集仪所采数据的真实性，同时保障以采集数据为基础所形成对比图像的可靠性。

6.1.3 土石堤坝三维电场现场数据采集与分析

基于图像对比的土石堤坝渗漏诊断技术实现的基础来自现场数据采集，因此数据采集、传输、处理的每一个环节均可能对参与对比的成像质量产生影响，基于此，现场采集数据主要从以下两方面进行优化分析处理。

① 采集数据无线传输。为避免以往采取移动拷贝装置产生的采集数据损坏丢失，将现场采集数据采取无线传输方式进行处理。将采集电法仪的面板通过蓝牙将数据传至携带方便的平板电脑，再由其流量卡将采集数据自动传至处理的 PC 终端，提高传输效率的同时避免了人为拷贝传输带来的数据损坏丢失。

② 以测线为单位的采集数据自动对比分析。对同一测线不同时刻采集数据采用误差追踪方法，对采集数据进行自动非值剔除，达到降噪目的，最大限度排除干扰的同时保障对比图像质量。

6.1.4 土石堤坝三维电阻率图像处理与识别

对上述采集处理后的数据进行三维电阻率成像，对比识别同一位置不同时刻隐患发展状况，本书采取以下措施进行电阻率图像处理。

① 对隐患体所在位置进行剖分，获得不同监测时刻图像对比所需的二维样本，如图 6.1.2 所示。

② 对不同时刻获得的隐患样本先进行灰度化处理，删除不参与运算的图例，以减少运算工作量，再采用 Canny 边缘检测算法确定图像中各像素的边界，获得各色彩图像边界图，如图 6.1.3 所示。

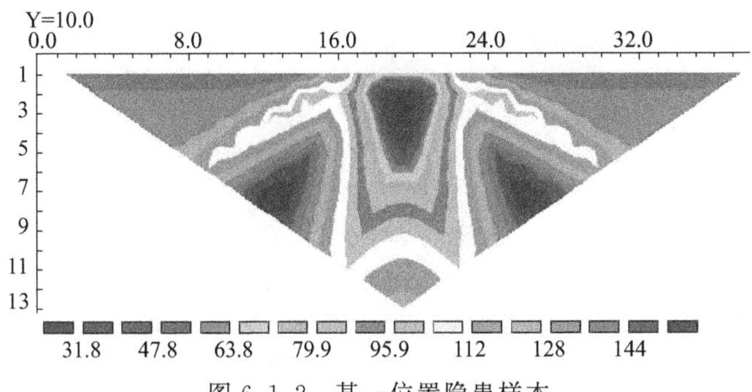

图 6.1.2　某一位置隐患样本

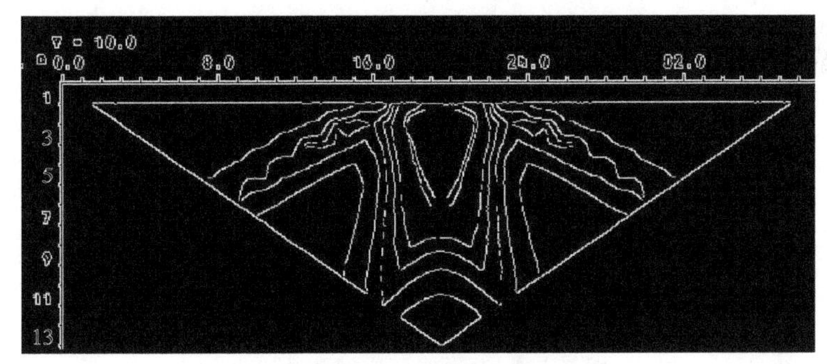

图 6.1.3　边缘检测处理

③ 为确定前后不同时刻获得的样本进行的是相同位置的比对，需进一步对灰度图进行霍夫直线检测，过滤掉无需参与比对的直线，得出相同截面的矩形，由于矩形至三角形边缘距离相同且无像素干扰，以此保障三角形对比样本的统一，如图 6.1.4 霍夫截取直线用加粗线表示。

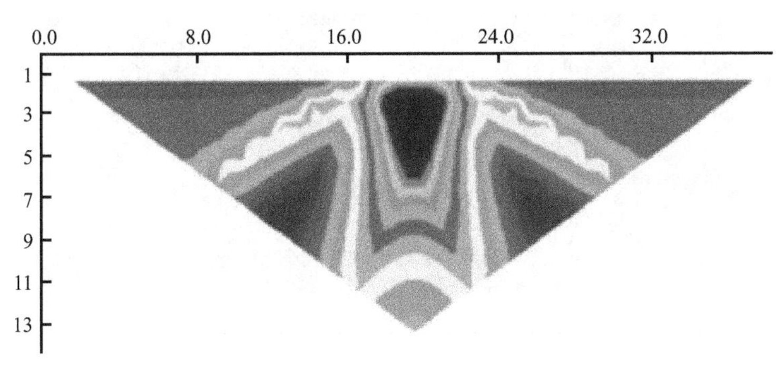

图 6.1.4　霍夫直线检测处理

④ 经霍夫直线检测后上边和左边两条直线，可以确定一个矩形，此矩形区域为对比计算区域，截取图像如图 6.1.5 所示。

⑤ 对灰度计算区域图进行原位色彩赋值。为减少计算量采取色彩空间转换

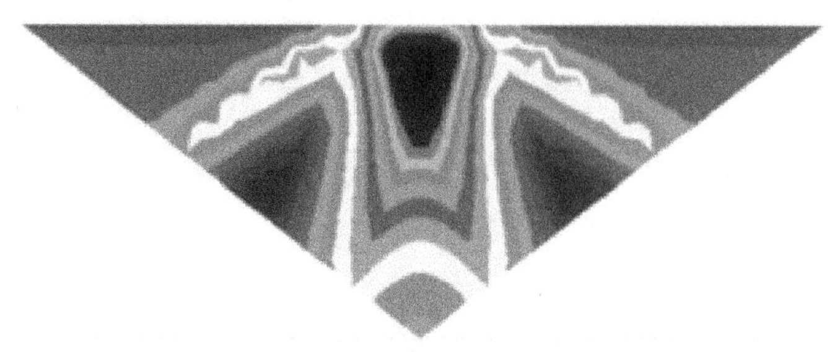

图 6.1.5　对比图像计算区域

措施，将该图像从 RGB 色彩空间转化为 HSV 色彩空间。样本色彩空间转换后图像如图 6.1.6 所示。

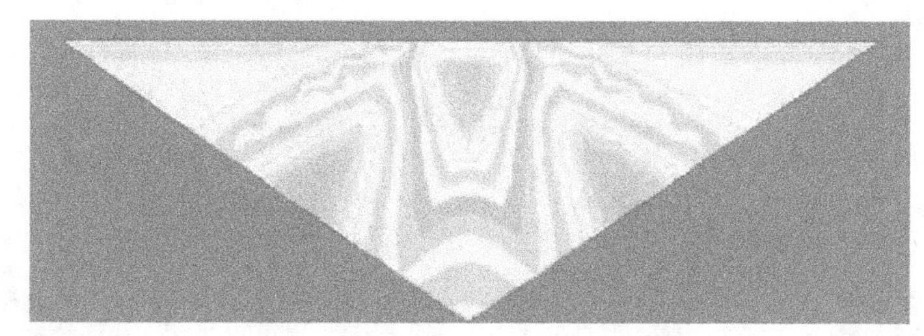

图 6.1.6　图像色彩空间转换处理

⑥ 由于图像空间转换处理后的明度和饱和度对图像识别不产生任何影响，因此为了降低运算工作量，需进一步将空间色彩转换处理后的图像进行空间色彩分离，将图像不同颜色通道单独分离出来，颜色变化顺序：红橙黄绿青蓝紫，对应值变化 [0,255]，分离出图像显示如图 6.1.7。

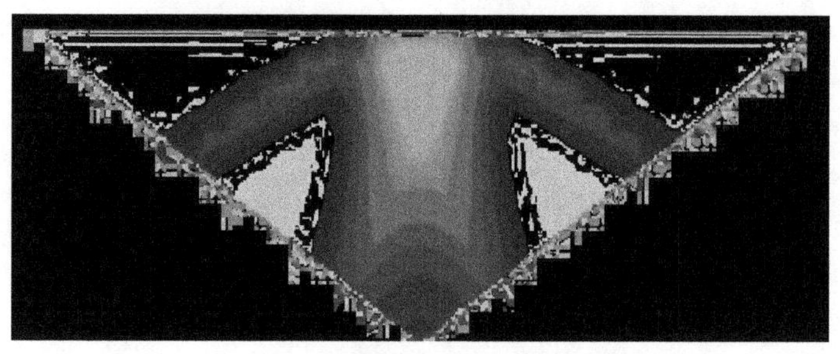

图 6.1.7　图像色彩空间分离处理

⑦ 将不同时刻同一位置的两幅图像进行空间色彩分离，对分离图像进行相同位置比对。采取不同时刻相同位置色素阈值相减，一旦对比过程中隐患位置范围扩大，则扩大区的色素阈值会单独存在图像中，以此便直观显示了隐患部位电阻率的变化情况，图 6.1.8 显示前后两时刻图像比对结果，此时计算显示色素阈

值为 79.27，变化率为 12.1%。

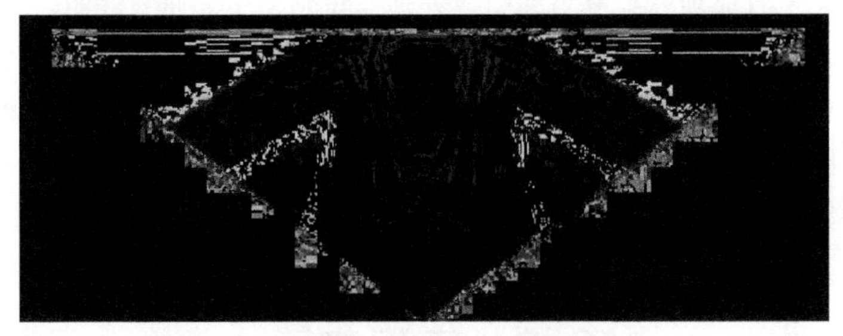

图 6.1.8 不同时刻同一位置电阻率图像对比

⑧ 通过两幅图像对比可获得图像中任一位置色素变化阈值，将电阻率图像色素阈值变化率与第 4 章获得的坝体材料饱和渗透破坏过程中允许最大电阻变化率进行比较，如果色素阈值变化率大于电阻率最大变化率则需进行诊断异常分析，否则安全。

6.1.5 土石堤坝渗漏诊断与评价

土石堤坝渗透破坏过程均具有先兆，如何采取合理有效的手段进行破坏的先兆捕捉，成为土石堤坝渗漏破坏诊断的关键。现有电阻率层析成像检测手段往往以单次检测居多，其检测的时间、容量均有限，达不到监测的目的，而现行的监测往往又是通过传感器检测坝体的力、位移等变化指标，由于不同土石比的坝体材料骨架颗粒间的骨架效应往往不同，而研究发现骨架效应又会对坝体渗流场及应力场产生影响[154]，因此骨架效应作用往往导致以力和位移为监测指标的渗漏破坏产生偏差。

土石堤坝渗流场演变过程中，通常会破坏正常坝体的地层结构及其完整性，进而改变原有堤坝组成结构体的地球物理特征，形成新的物性特点，与周围原岩土体形成物性差异，这些差异变化为采用电阻率方法进行隐患探测奠定了物性基础。通过探测土石堤坝渗流场演变过程中三维电场变化规律，可有效研判坝体材料的结构状态及含水量的变化状况，当坝体中存在孔洞、裂缝、通道等不良隐患体时，其充填物质与周围介质存在介电常数差异，通过电阻率成像可直观显示，为不同时间段采集图像对比发现隐患体的发展状况提供了前提条件。同时，将监测电极进行位置固定，从采集坐标上保障不同时刻对比图像尺寸大小一致，为图像对比带来了可行性。

基于同一位置不同时刻电阻率图像对比，可清楚显示渗流场演变过程中隐患体扩展范围的电阻率色素阈值变化率，该变化率与坝体材料饱和渗透破坏电阻率变化率对比即可实现土石堤坝渗透破坏诊断，由此提出基于土石堤坝三维电场分布的渗漏诊断技术。

由 6.1.4 土石堤坝三维电阻率图像处理与识别①～⑧研究表明，基于土石堤坝三维电场分布的渗漏诊断技术，可准确判断土石堤坝渗流场演变过程中不同时刻土体破坏范围，同时可准确显示隐患扩展区域电阻率色素阈值变化量，有效避免了人为判断的主观性，图像对比显示采取该方法诊断土石堤坝渗漏是可行的，结果是可信的。

6.2 工程应用

为进一步验证基于土石堤坝三维电场分布的渗漏诊断技术的可行性，本书选取云南某水库实际工程，进行现场应用研究。

6.2.1 工程概况

该水库位于云南省曲靖市境内，处于珠江流域西江水系南盘江右岸支流白石江上游段。该水库始建于 1973 年，1977 年竣工，是一座以供水为主，兼顾防洪调节综合利用的小型水库，径流面积 29.63km^2，原设计总库容 546 万立方米，兴利库容 523.5 万立方米，死库容 22.5 万立方米。

该水库坝体走向近南北向，坝顶为水泥硬化路面，迎水面为一斜坡，坡比 1∶2.95，较平坦，表层覆盖预制块，背水面为一斜坡，坡比 1∶2.75～1∶2.5，被茂密杂草覆盖，坡下为农田。

水库大坝的坝基处于第四系残坡积土和强风化砂页岩上，由于这两种地质材料结构组成松散，因此导致坝基稳定性欠缺，同时，由于该坝在坝体填筑过程中受技术、设备及资金等诸多因素影响，坝体材料多选择了含砾石的粉质黏土且碾压密实度不足，导致该水库自 1977 年建成以来，坝体、坝基经常出现渗漏问题，危及坝体安全，据不完全统计，该水库大坝自运行以来，大小渗漏出现几十次，重大渗漏险情发生过两次，针对两次大的渗漏险情，虽作过相应灌浆处理，但由于受资金和技术等因素制约，没能从根本上消除险情。

6.2.2 现场电法测试

① 现场调查。2005 年之前，水库大坝曾发生过两次大的渗漏险情，当时水库管理人员对坝体采取帷幕灌浆和混凝土防渗墙相结合的处理措施进行加固处理，并在其后对坝体进行了总体加高处理，加高 1m 左右。由于坝体原本条件不

佳，处理时间又较长，难以判断现阶段坝体内部的渗透破坏状况。

经现场调研发现，坝顶沿轴向出现多条裂缝，表面已用沥青填充封堵，裂缝最宽达 2cm，两侧高差 2～3cm，微表裂缝多达几百处，现场未采取任何处理措施；大坝迎水面表层用预制块护坡，现场发现有 4 处塌陷坑，其中最大塌坑直径达 1m，深度 12cm，且部分塌坑区域的表层预制块丢失；大坝背水面被茂密杂草、树木覆盖，植被发育良好，在大坝背水面东北角近山体处杂草下有 1 处积水，近期渗水量有所增加，具体见图 6.2.1。

图 6.2.1　土石坝坝顶、迎水面、背水面现状图

经现场对塌坑内土体取样、筛分并做击实试验，获得了坝体材料最大干密度为 1.994g/cm^3，最佳含水率为 9.6%，具体见图 6.2.2，筛分后称重，土石质量比约为 7：3，由现场土体筛分曲线获得筛分粒径 d_{10} 为 0.1mm，d_{40} 为 0.29mm，d_{60} 为 0.72mm，不均匀系数：$\eta = d_{60}/d_{40} = 0.72/0.29 = 2.48 < 10$。同时对现场坝体土体外露部分进行了平整清理，做了压实度检测，检测结果显示

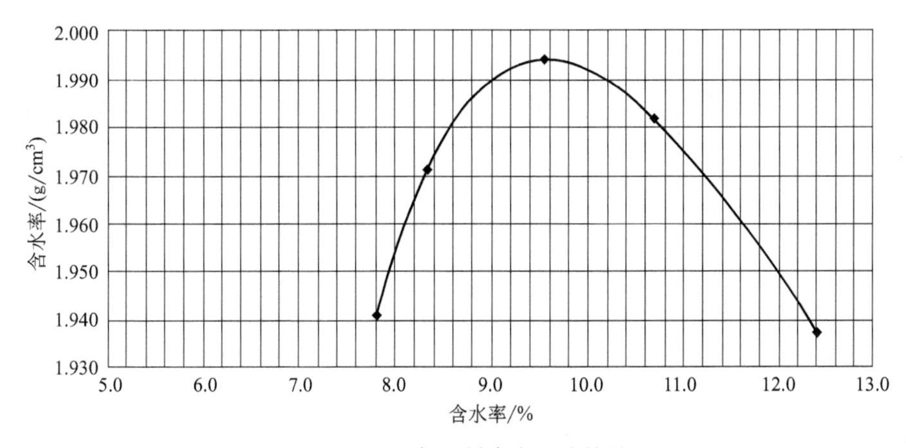

图 6.2.2　现场土样击实试验结果

该坝体压实度为97.7%。

② 设备及测线布置。本次三维高密度电法采用重庆奔腾WGMD-9超级高密度电法仪，数据采集中使用直径6mm的线缆进行电极连接，其中供电线线间电阻RAB10Ω/100m，测量线线间电阻RMN10Ω/100m，测量温度18～23℃，湿度约73%，风力最大4级。测量中采用了5m×5m的均匀电极网格，供电和测量电极布设在大坝两侧坡面及其延伸方向110m×145m的区域。采用同线和跨线四极梯度方式测量，供电电压288V。

现场操作过程中结合野外场地实际情况，针对大坝裂缝较宽区域布置三维高密度电法，在大坝中偏北段布置了70m×110m的三维高密度电法探测网格，东至大坝迎水面当前水位线，西至大坝背水面坡脚，北至坝坡背水面踏步道附近(近山)，南至大坝中线附近，在坝顶防浪墙用红油漆标注了电极横向网格线标志11、12、13……坝顶背水面防浪墙外侧边线为纵向1000m线。由于坝顶水泥路面难以布设电极且为交通线，坝顶路面空1个电极，以5m×5m的均匀电极网格布置，见图6.2.3，面积7700m^2。

6.2.3 测试数据处理

现场布好测线，进行电极畅通和接地电阻自动检测，对不符合接地条件的电阻采取填土压实、浇注盐水的措施使其满足接地电阻要求，实施自动跑极控制措施通电测试。测试完成后，现场采用自编程序对采集原始数据进行三维电阻率成像，程序读取数据采用扩展名为.txt的形式保存，编排格式为：

x_1，y_1，z_1，ρ_1

x_2，y_2，z_2，ρ_2

x_3，y_3，z_3，ρ_3

…

其中x_i为采集电极点横坐标，y_i为采集电极点纵坐标，z_i为相应点的高程，坐标点按照升序排列，点与点之间采用逗号分隔。

将整个测区的三维高密度电法勘查数据拼接在一起，生成整个测区的电阻率三维分布图像。大坝电阻率横断面5m间距切片见图6.2.4，横坐标为水平距离(单位：m)，纵坐标为高程（单位：m)。

通过卷积神经网络场景标注，筛选出实时监测中具有隐患的图像，筛选发现，隐患图像多集中在高程为205m、220m和228m三个断面，这与现场调查中估计可能出现的隐患位置相似。经过对神经网络学习后筛选图像进行人工判断，未发现有筛选错误的图像。

比例尺 1:2000

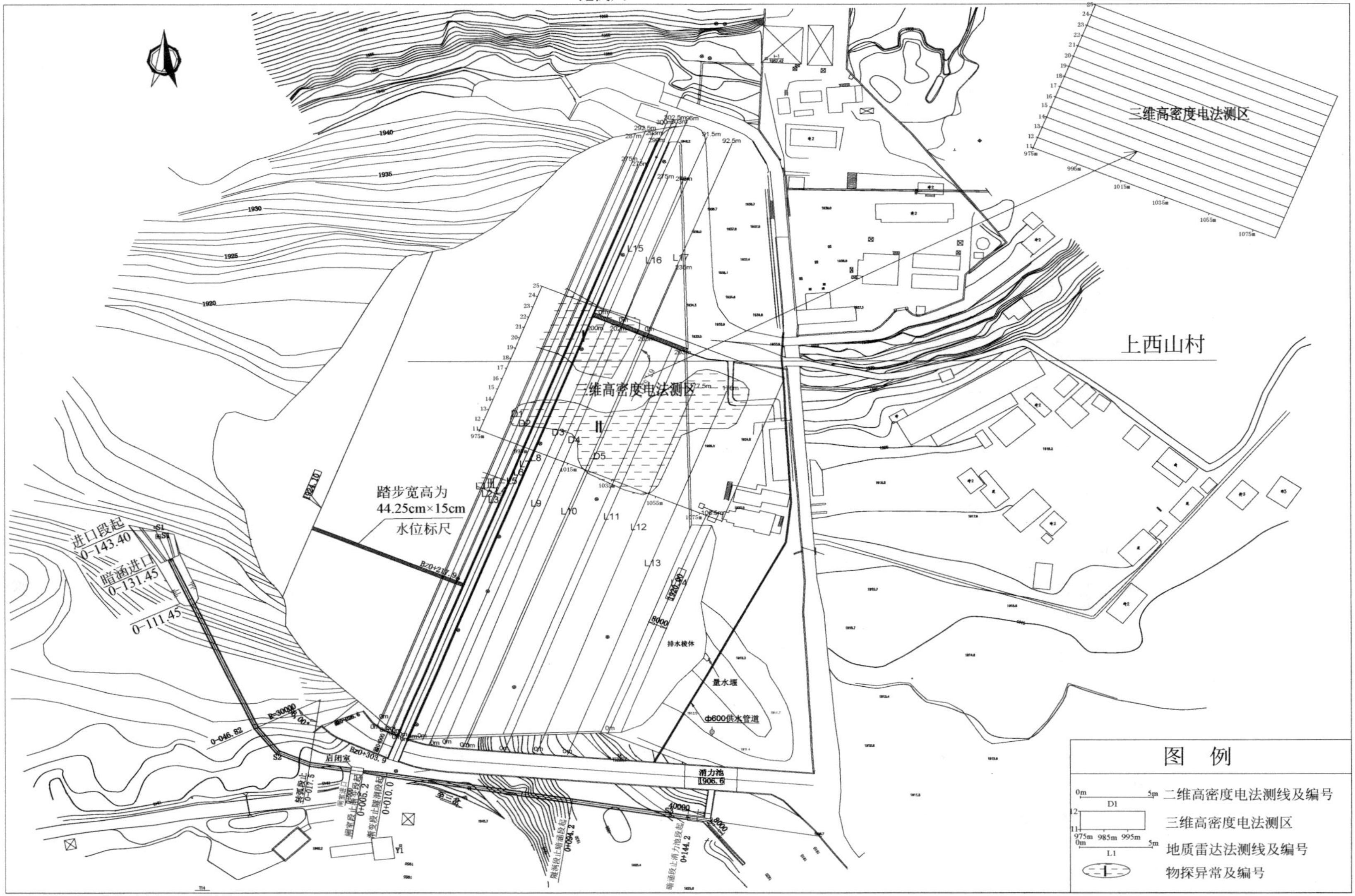

图 6.2.3 测线布置

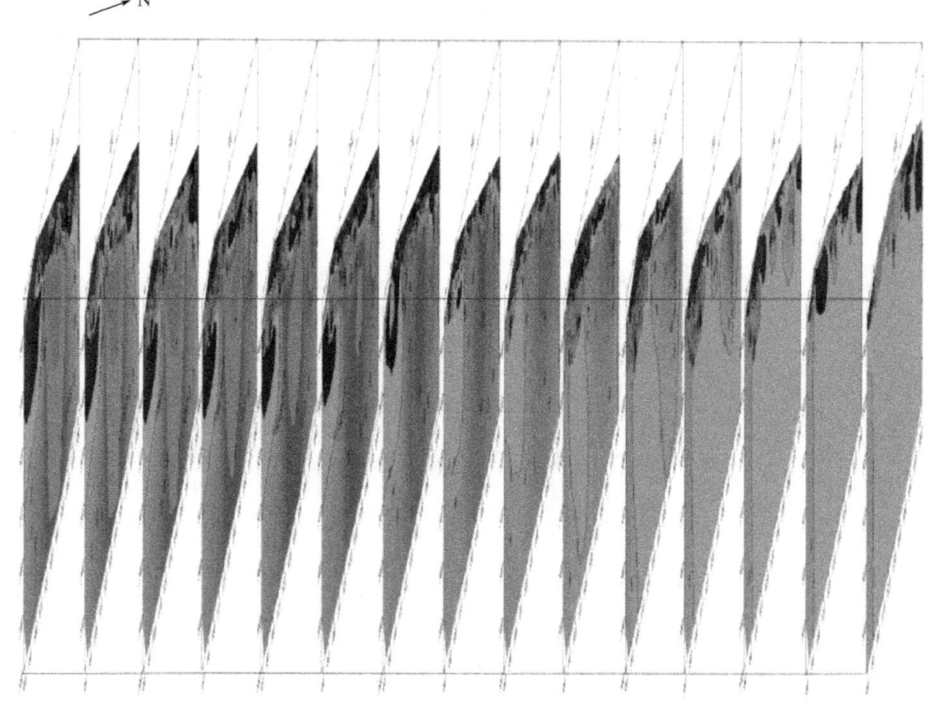

图 6.2.4　三维电阻率切片

为清楚显示三个断面隐患发展过程，本书将数据成像的三个典型断面切片显示，为更清楚的显示坝体内电阻率变化，诊断图像选取监测时间为2017.12.2和2018.5.9，切片断面如图6.2.5所示，左边图像为2017.12.12，右边图像为2018.5.9。

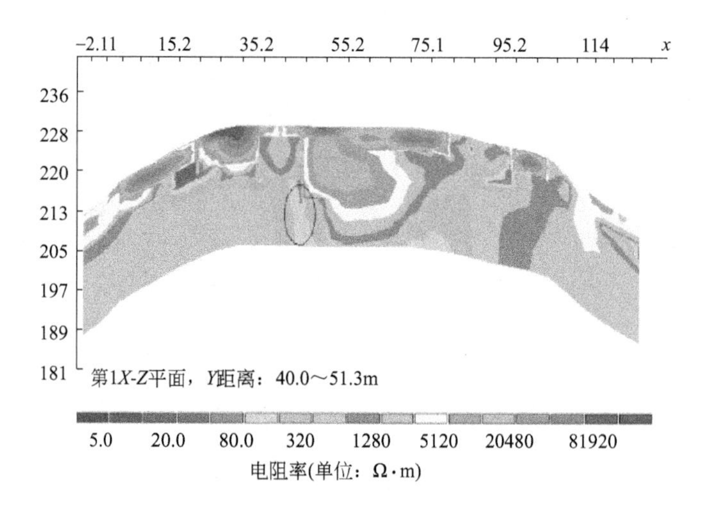

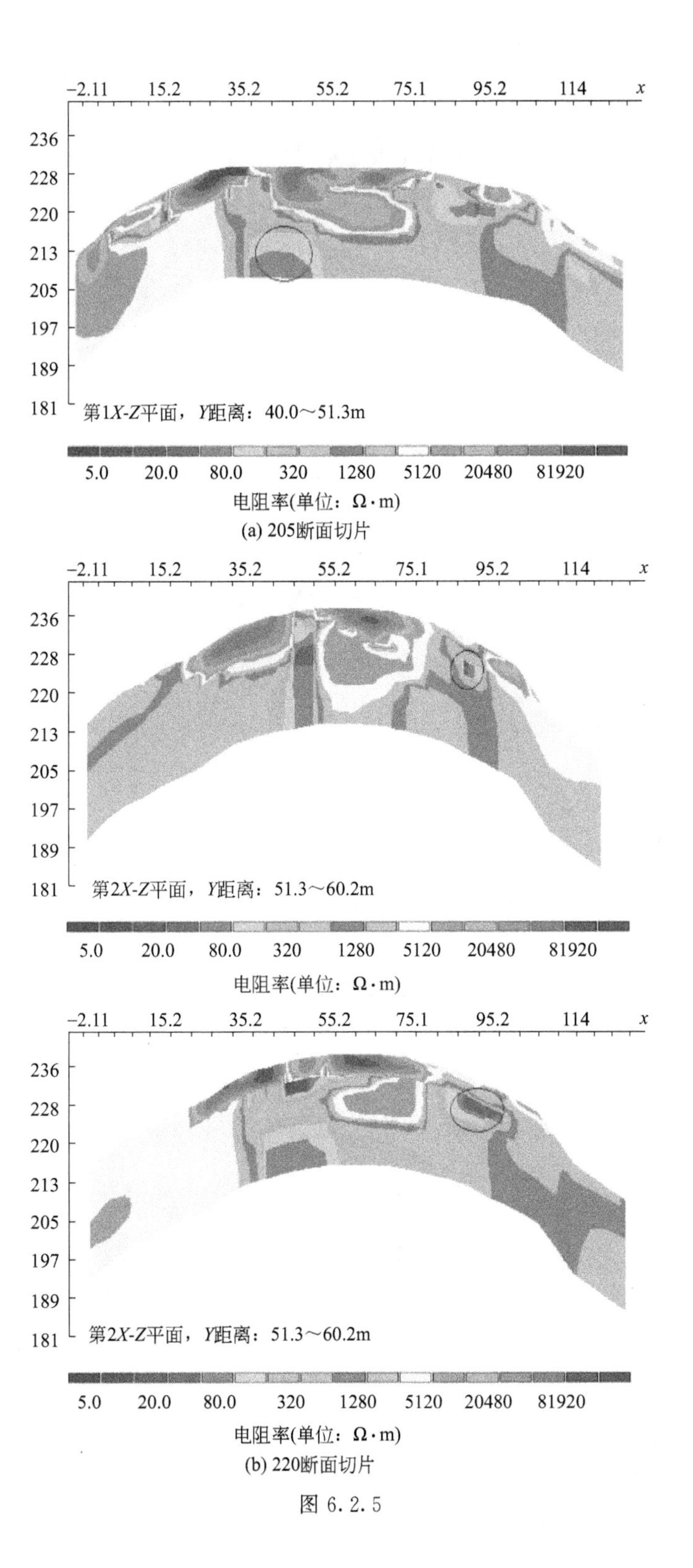

(a) 205断面切片

(b) 220断面切片

图 6.2.5

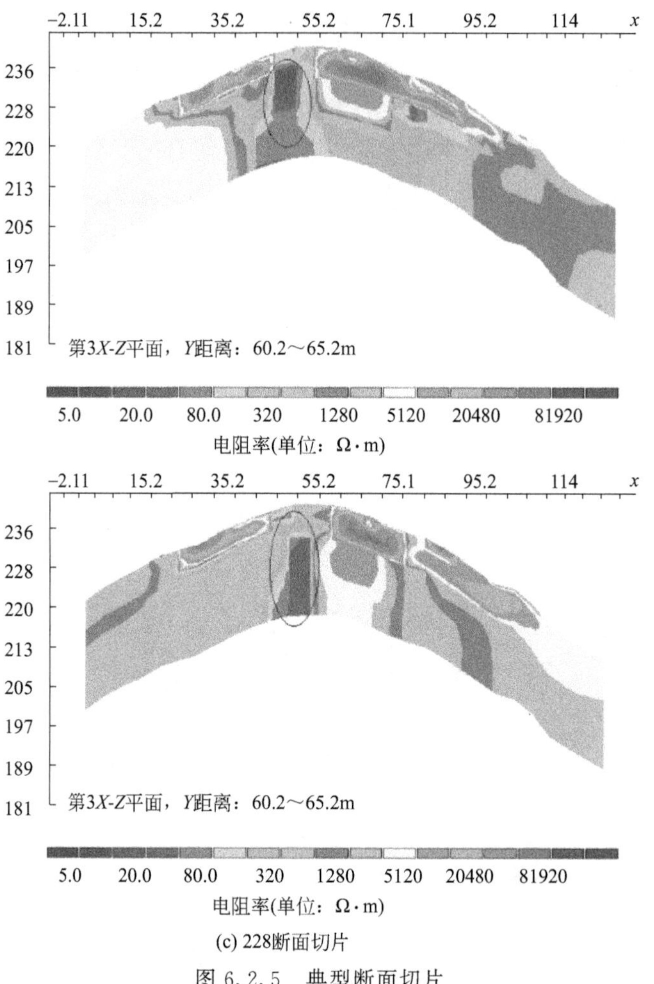

(c) 228断面切片

图 6.2.5　典型断面切片

6.2.4　电阻率图像识别

为进一步确定切片断面内隐患体的发展状况，掌握坝体材料所处的破坏状态，根据 5.6.1 节诊断技术实现要求，采用土石堤坝渗漏破坏的图像识别方法，进行隐患图像识别处理。

首先，对筛选含隐患图像的剖面图进行灰度化处理，如图 6.2.6 所示。

其次，采用 Canny 边缘检测算法做图像边缘检测，得出各色彩图像边界图，由于对比位置相同，故此处每个断面仅需处理一张图，处理结果如图 6.2.7 所示。

再对灰度处理图进行霍夫直线检测，对图像进行对应位置的区域裁剪，确定图像计算区域，裁剪处理结果如图 6.2.8 所示。

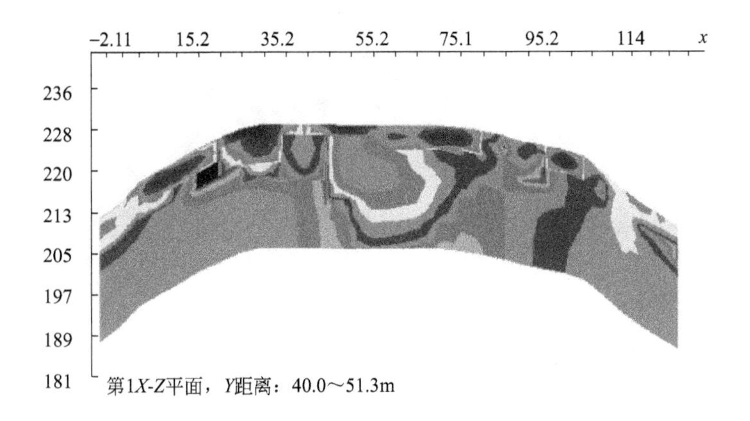

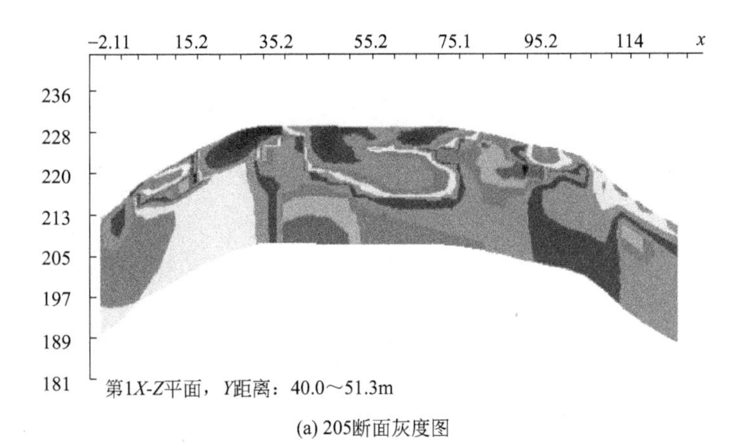

(a) 205断面灰度图

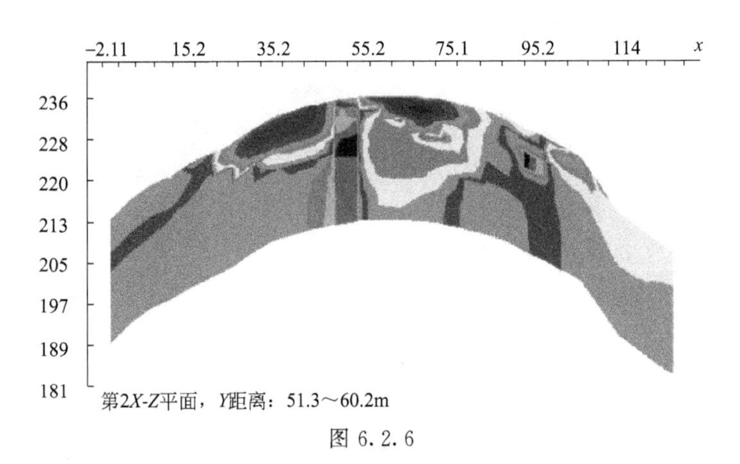

图 6.2.6

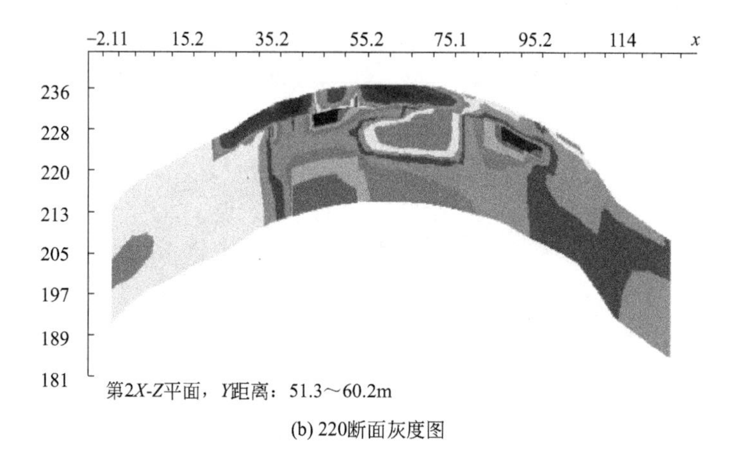

(b) 220断面灰度图

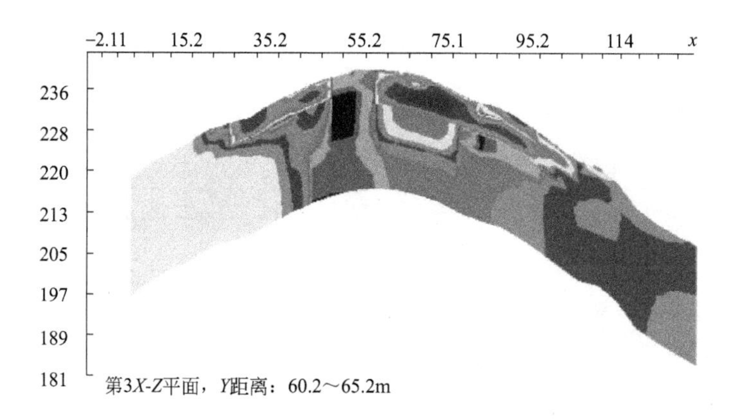

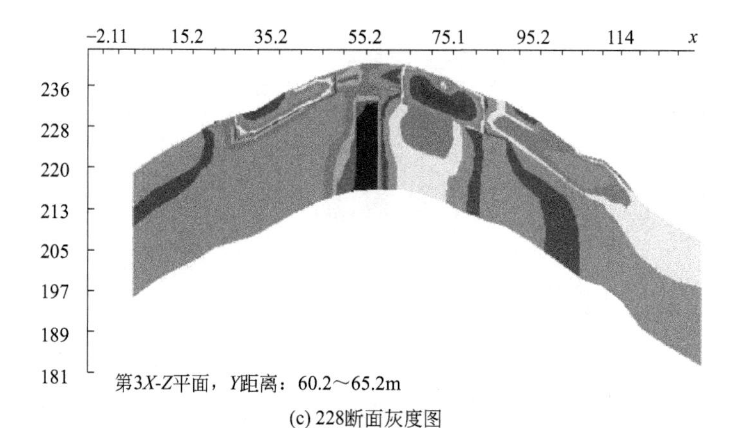

(c) 228断面灰度图

图 6.2.6 典型断面灰度处理图

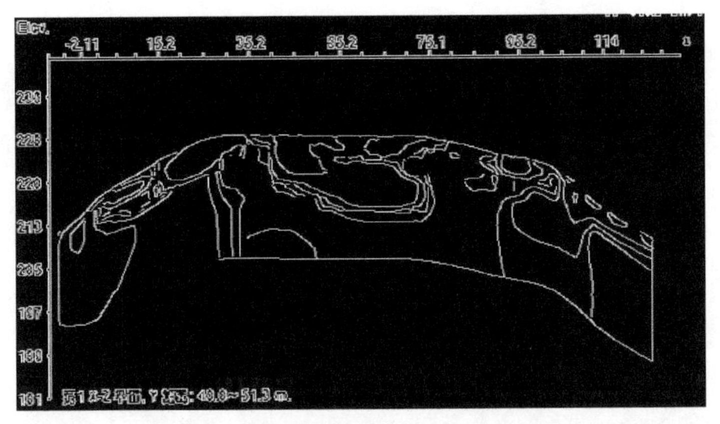

(a) 205边缘检测图

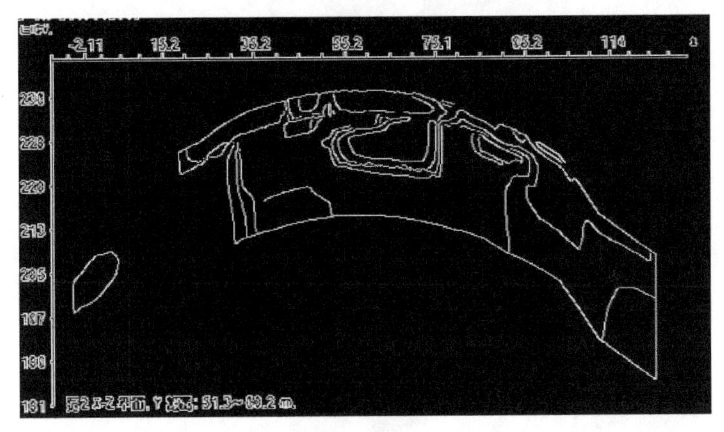

(b) 220边缘检测图

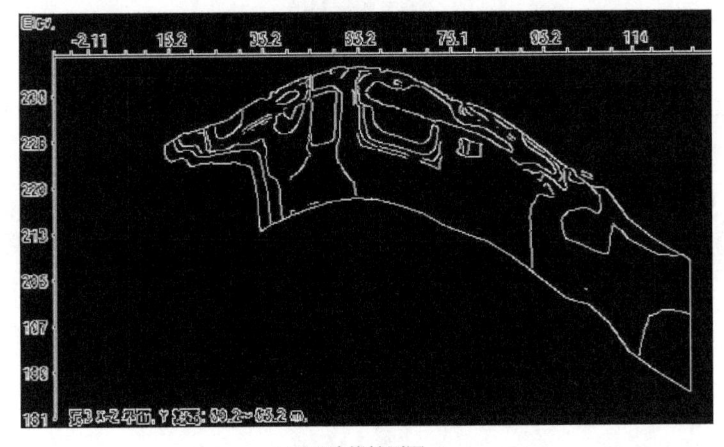

(c) 228边缘检测图

图 6.2.7 Canny 边缘检测图

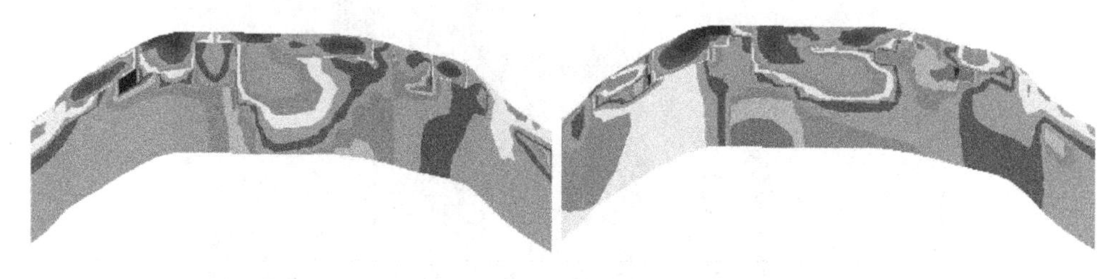

(a) 205霍夫直线裁剪图

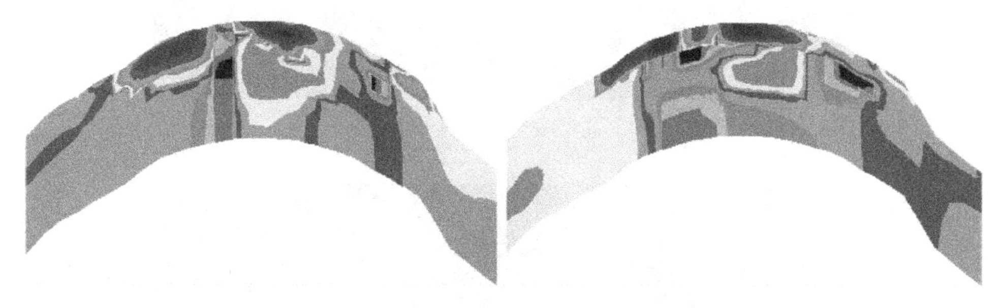

(b) 220霍夫直线裁剪图

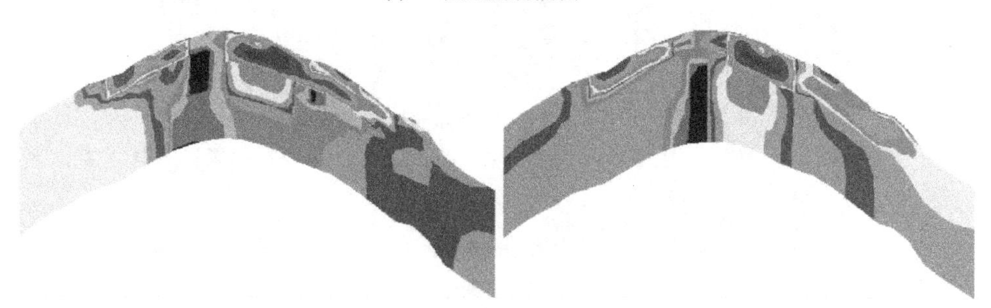

(c) 228霍夫直线裁剪图

图 6.2.8 霍夫直线裁剪图

对裁剪后的图像进行空间色彩转换，将图像从 RGB 色彩空间转化为 HSV 色彩空间，转换结果如图 6.2.9 所示。

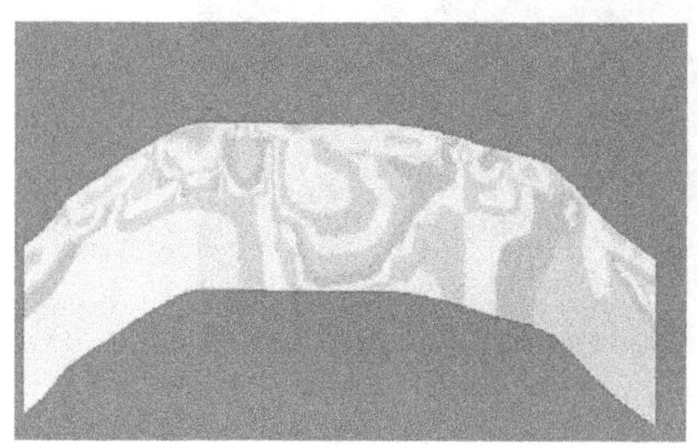
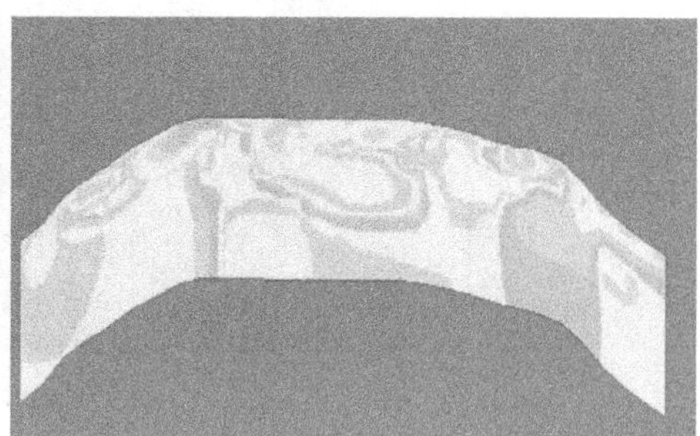

(a) 205空间色彩转换图

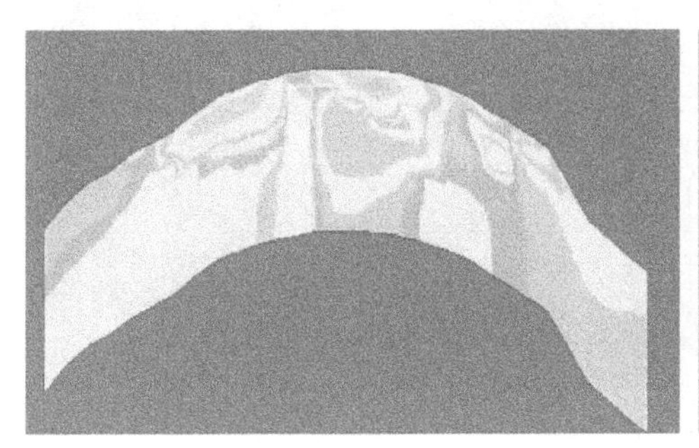
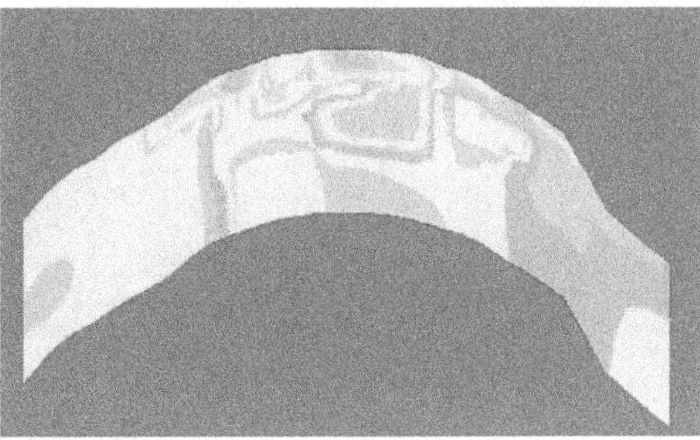

(b) 220空间色彩转换图

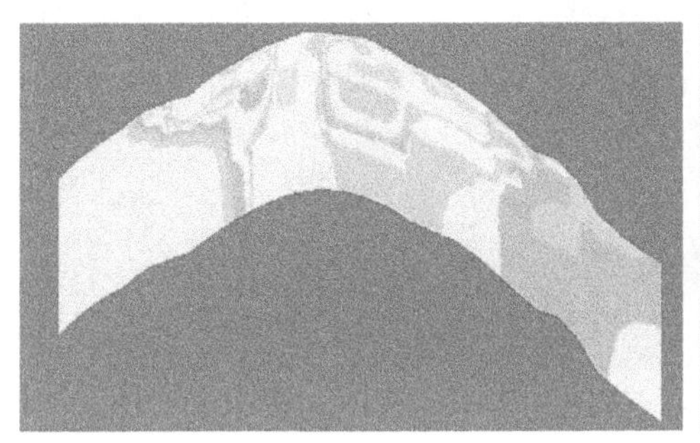
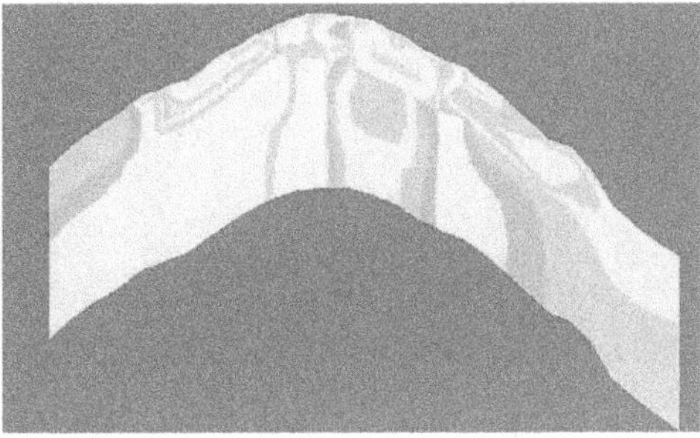

(c) 228空间色彩转换图

图 6.2.9 空间色彩转换图

将色彩空间转换后的图像进行空间色彩分离，同时计算各分离后图像色素阈值，隐患扩展区原图像阈值分别为 103.077、102.937、104.111，空间色彩分离后的结果如图 6.2.10 所示。

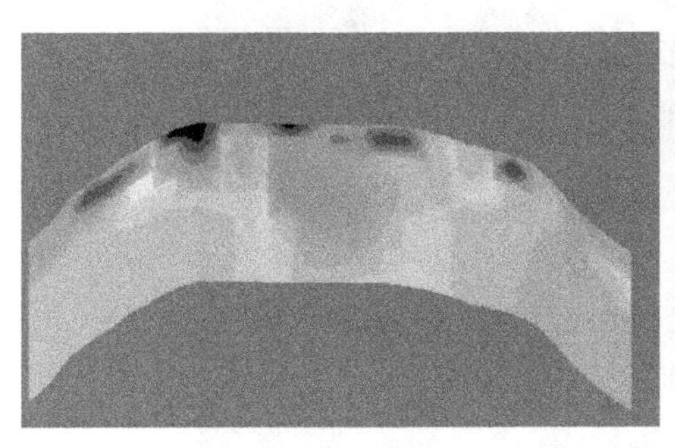
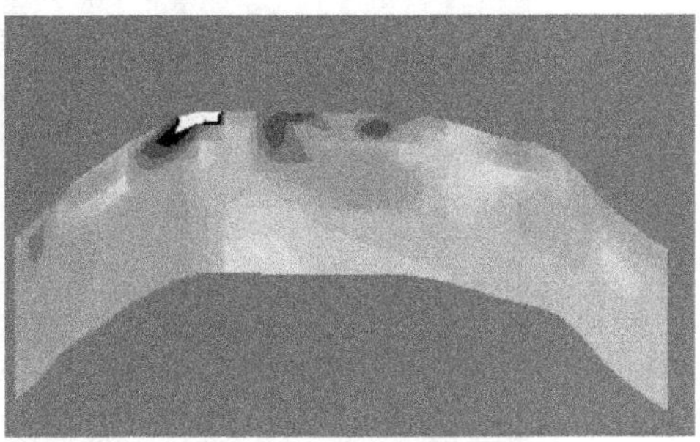

(a) 205空间色彩分离图

图 6.2.10

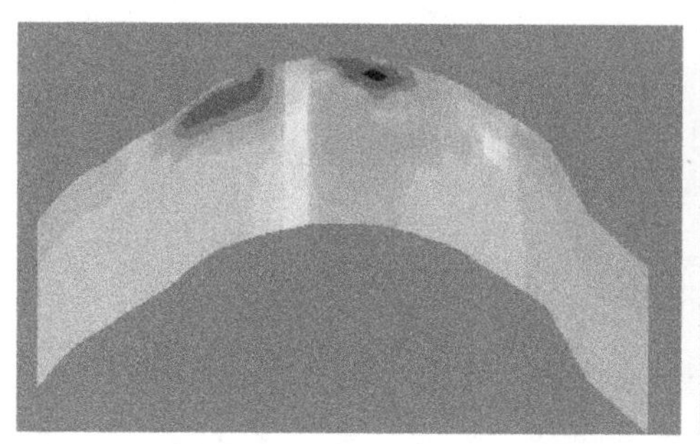
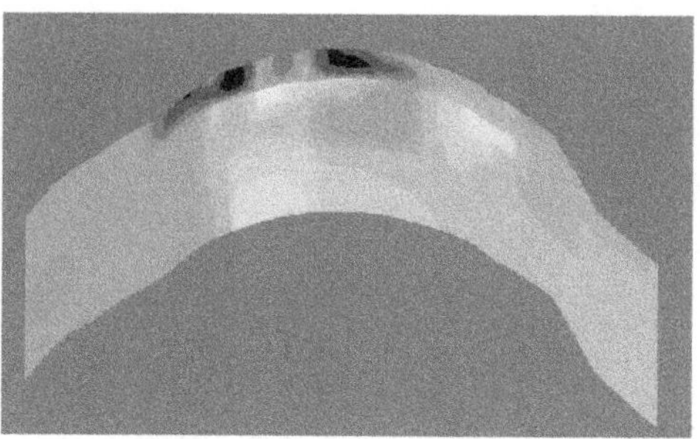

(b) 220空间色彩分离图

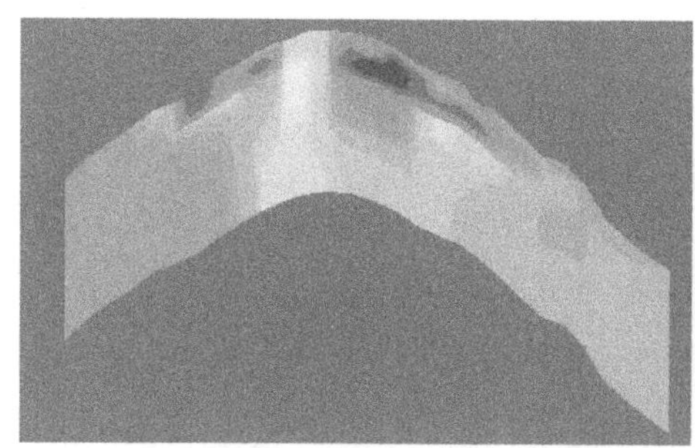
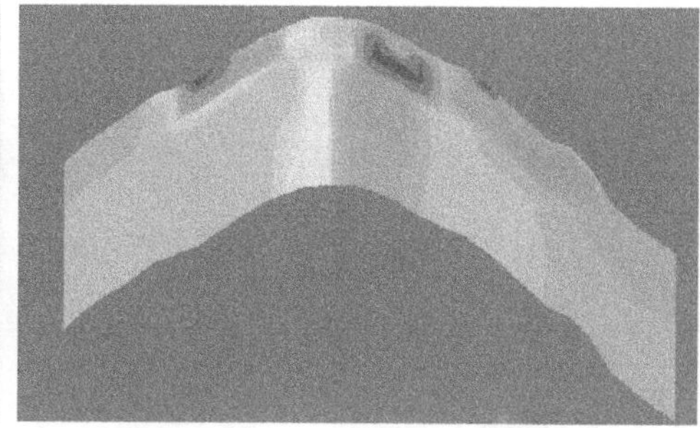

(c) 228空间色彩分离图

图 6.2.10　空间色彩分离图

最后将空间色彩分离后不同时刻对应位置的像素阈值相减，获得隐患扩展区色素阈值的变化量，其值分别为 11.518、14.736 和 29.773，至此可获得图像隐患部位色素阈值变化率。图像结果如图 6.2.11 所示。

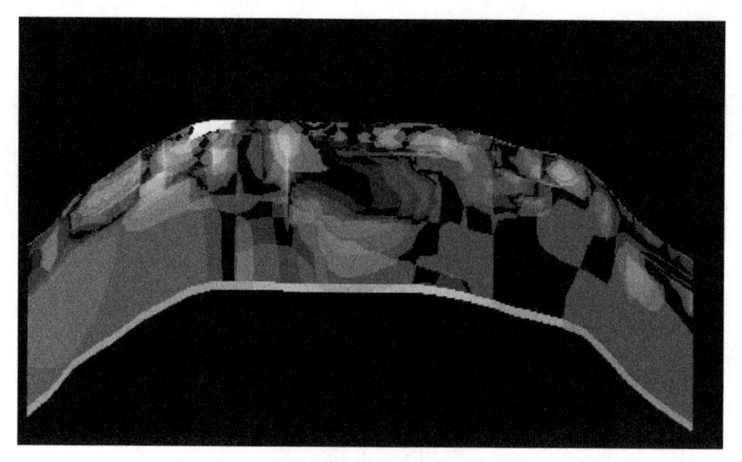

(a) 205断面图像相减结果图

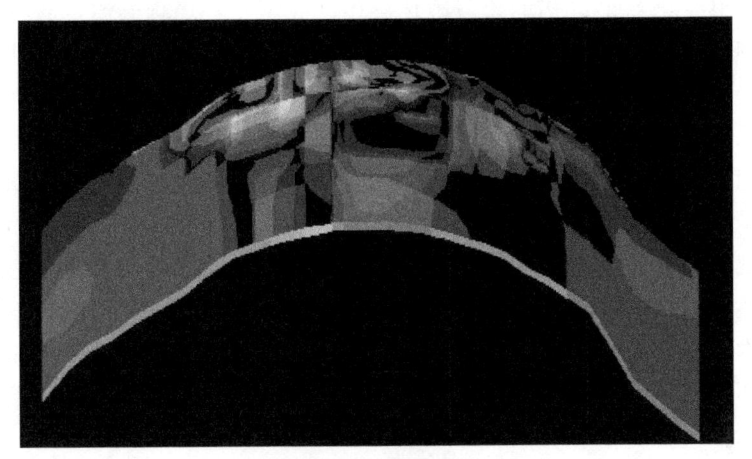

(b) 220断面图像相减结果图

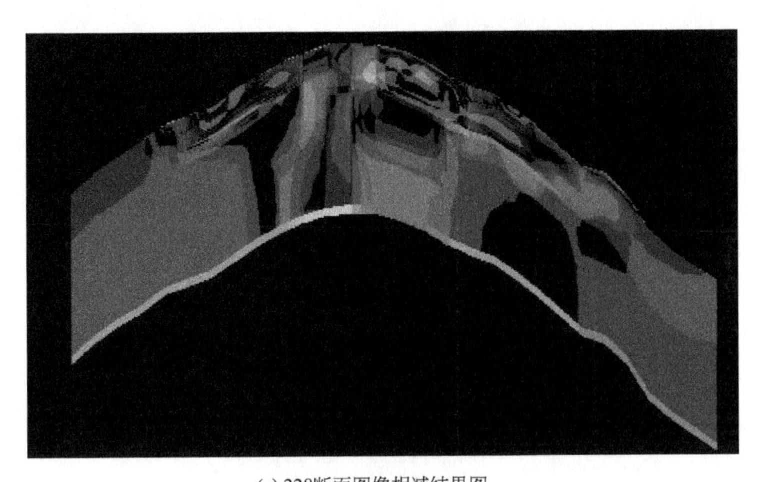

(c) 228断面图像相减结果图

图 6.2.11　典型断面图像相减结果图

6.2.5　渗漏诊断与结果评判

将同一位置前后两次测量的隐患电阻率图像运算处理结果表明，基于图像对比识别算法，可获得隐患区域初始电阻率色素阈值 103.077、102.937、104.111，将不同时刻电阻率阈值相减，可获得同一隐患位置电阻率色素阈值变化的平均值，其值分别为 11.518、14.736 和 29.773，将其与隐患体扩展前对应位置像素阈值进行比值处理，获得前后两次监测电阻变化率分别为 11.1%、14.3%和 28.6%，三个断面均未达到土石比 7∶3、压实度 98%坝体材料渗透破坏时电阻率变化率 32.5％的诊断破坏条件，故由土石堤坝渗漏诊断技术知，该土石坝坝体尚未达到渗透变形破坏，但靠近东北角处断面的电阻率变化率已接近临界值，分析可知，这与前期观测该位置渗水量增加有关，需在该位置加强观测，并采取针对性的处理措施。

采用传统电法检测土石堤坝渗漏，通过单次采集数据所成电阻率图像主观判断渗流场中隐患体位置和大致破坏范围，并不能准确判断隐患体的发展状态。且研究发现，土石堤坝电阻率图像的低阻区与坝体材料是否达到渗透变形破坏之间没有必然联系。因此与传统电法检测相比，基于电阻率图像对比的土石堤坝渗漏诊断技术，不仅可以通过快速图像对比获知不同时刻渗流场中土石堤坝坝体材料变形破坏状态，还可以实现客观、连续的监测目的，该诊断技术更加全面、真实。

附录

附录 1　有限元正演模拟节点编号代码

```
//初始化 Z=0 时 1,2 单元节点编号
  self.number[0,0,0]:=4;
  self.number[0,0,1]:=1;
  self.number[1,0,1]:=2;
  self.number[1,0,0]:=3;
  self.number[0,1,0]:=8;
  self.number[0,1,1]:=5;
  self.number[1,1,1]:=6;
  self.number[1,1,0]:=7;
  self.number[2,0,1]:=9;
  self.number[2,0,0]:=10;
  self.number[2,1,1]:=11;
  self.number[2,1,0]:=12;
  //Z=0 层,沿 x 轴根据第 1,2 单元各节点编号使用 x1 算法扩展其他节点编号
  for x_current:=3 to x_count do begin
    offset:=(x_current-2)*4;
    self.number[x_current,0,1]:=9+offset;
    self.number[x_current,0,0]:=10+offset;
    self.number[x_current,1,1]:=11+offset;
    self.number[x_current,1,0]:=12+offset;
  end;
  //Z=0 层,沿 y 轴方向扩展节点编号
  //y 轴方向上,增加 1 行使用 Y1 算法,增加 2 行使用 Y2 算法
  if y_count>1 then begin
    y_current:=1;
    while true do begin
      inc(y_current,2);
      if y_current=y_count+1 then begin
        //Y1 算法
        inc(y_current,-1);
        number_max:=self.number[x_count,y_current-1,0];
        for x_current:=0 to x_count do begin
          if x_current=0 then begin
```

```
                self.number[x_current,y_current,0]:=1+number_max;
                self.number[x_current,y_current,1]:=2+number_max;
              end else begin
self.number[x_current,y_current,0]:=2+x_current*2+number_max;
self.number[x_current,y_current,1]:=1+x_current*2+number_max;
              end;
            end;
          end else if y_current<=y_count then begin
            //Y2 算法
            number_max:=self.number[x_count,y_current-2,0];
            for x_current:=0 to x_count do begin
self.number[x_current,y_current-1,0]:=self.number[x_current,0,0]+number_max;
self.number[x_current,y_current-1,1]:=self.number[x_current,0,1]+number_max;
self.number[x_current,y_current,0]:=self.number[x_current,1,0]+number_max;
self.number[x_current,y_current,1]:=self.number[x_current,1,1]+number_max;
            end;
          end else begin
            break;
          end;
        end;
      end;
      //z 轴方向上,增加 1 层使用 Z1 算法,增加 2 层使用 Z2 算法
      if z_count>1 then begin
        z_current:=1;
        while true do begin
          inc(z_current,2);
          if z_current=z_count+1 then begin
            //Z1 算法
            inc(z_current,-1);
            number_max:=self.number[x_count,y_count,z_current-2];
            //沿 x 轴方向,先扩展第一单元所在行的编号
            for x_current:=0 to x_count do begin
              if x_current=0 then begin
                self.number[x_current,0,z_current]:=1+number_max;
                self.number[x_current,1,z_current]:=3+number_max;
              end else if x_current=1 then begin
                self.number[x_current,0,z_current]:=2+number_max;
                self.number[x_current,1,z_current]:=4+number_max;
```

```
            end else if x_current=2 then begin
              self.number[x_current,0,z_current]:=5+number_max;
              self.number[x_current,1,z_current]:=6+number_max;
            end else begin
self.number[x_current,0,z_current]:=5+(x_current-2)*2+number_max;
self.number[x_current,1,z_current]:=6+(x_current-2)*2+number_max;
            end;
          end;
          zy_current:=1;
          while true do begin
            inc(zy_current,2);
            if zy_current=y_count+1 then begin
              //ZY1算法
              inc(zy_current,-1);
number_max:=self.number[x_count,zy_current-1,z_current];
              for x_current:=0 to x_count do begin
self.number[x_current,zy_current,z_current]:=x_current+1+number_max;
              end;
            end else if zy_current<=y_count then begin
              //ZY2算法
              number_max:=(x_count+1)*2;
              for x_current:=0 to x_count do begin
self.number[x_current,zy_current-1,z_current]:=self.number[x_current,zy_
current-3,z_current]+number_max;
self.number[x_current,zy_current,z_current]:=self.number[x_current,zy_
current-2,z_current]+number_max;
              end;
            end else begin
              break;
            end;
          end;
        end else if z_current<=z_count then begin
          //Z2算法
          number_max:=self.number[x_count,y_count,z_current-3];
          for y_current:=0 to y_count do begin
            for x_current:=0 to x_count do begin
self.number[x_current,y_current,z_current-1]:=self.number[x_current,y_
current,0]+number_max;
```

```
self.number[x_current,y_current,z_current]:=self.number[x_current,y_current,1]+number_max;
            end;
          end;
        end else begin
          break;
        end;
      end;
    end;
```

附录 2　土石复合介质生成代码

```
model.geom("geom1").feature().clear();
model.component("comp1").geom("geom1").selection().clear();
model.component("comp1").geom("geom1").lengthUnit("cm");
model.component("comp1").geom("geom1").selection().create("csel1","CumulativeSelection");
int ind=1;
int judge=0;
double hx,hy,hz,hr=0.0;
double ex,ey,ez,er1,er2,er3,e_angel=0.0;
double hx1,hy1,hz1,hr1=0.0;
double RIND_THICKNESS=0.8;
double ROCK_MIN_RADIUS2=ROCK_MAX_RADIUS1;
double ROCK_MIN_RADIUS3=ROCK_MAX_RADIUS2;
double NUMALL=NUM_STONE1+NUM_STONE2+NUM_STONE3;
double [][]center=new double [500][4];
for (int i=0;i<500;i++)
for (int j=0;j<4;j++)
    center[i][j]=0;
while (ind<NUM_STONE1)
{judge=0;
 hx=(2.0*Math.random()-1.0)*S_RADIUS;
 hy=(2.0*Math.random()-1.0)*S_RADIUS;
 hz=Math.random()*S_HEIGHT;
 hr=Math.random()*(ROCK_MAX_RADIUS1-ROCK_MIN_RADIUS1)+ROCK_MIN_RADI-
```

```
US1;
    for (int ii=0;ii<ind;ii++)
    {hx1=center[ii][0];
     hy1=center[ii][1];
     hz1=center[ii][2];
     hr1=center[ii][3];
    if ((Math.sqrt((hx-hx1)*(hx-hx1)+(hy-hy1)*(hy-hy1)+(hz-hz1)*(hz-hz1))<
hr+hr1)){judge=1;}}
    if (judge>0){continue;}
    if ((Math.sqrt(hx* hx+hy*hy)+hr)>S_RADIUS-RIND_THICKNESS){continue;}
    if (((hz-hr)<RIND_THICKNESS)||((hz+hr)>S_HEIGHT-RIND_THICKNESS)){con-
tinue;}
    center[ind][0]=hx;
    center[ind][1]=hy;
    center[ind][2]=hz;
    center[ind][3]=hr;
    ex=Math.round(hx*100)/100;
    ey=Math.round(hy*100)/100;
    ez=Math.round(hz*100)/100;
    er1=(0.5+Math.random())*hr;
    er2=(0.5+Math.random()*0.5)*hr;
    er3=(0.5+Math.random()*0.5)*hr;
    e_angel=Math.random()*90;
    model.component("comp1").geom("geom1").create("eli1"+ind,"Ellipsoid");
    model.component("comp1").geom("geom1").feature("eli1"+ind).set("pos",
new double[]{ex,ey,ez});
    model.component("comp1").geom("geom1").feature("eli1"+ind).set("semi-
axes",new double[]{er1,er2,er3});
    if (ind% 2==1){model.component("comp1").geom("geom1").feature("eli1"
+ind).set("axistype","y");}
    else
    {model.component("comp1").geom("geom1").feature("eli1"+ind).set("axis-
type","x");}
    model.component("comp1").geom("geom1").feature("eli1"+ind).set("rot",
e_angel);

model.component("comp1").geom("geom1").feature("eli1"+ind).set("contribu-
teto","csel1");
```

```
ind++;}
while (ind<(NUM_STONE1+NUM_STONE2))
{judge=0;
 hx=(2.0*Math.random()-1.0)*S_RADIUS;
 hy=(2.0*Math.random()-1.0)*S_RADIUS;
 hz=Math.random()*S_HEIGHT;
 hr=Math.random()*(ROCK_MAX_RADIUS2-ROCK_MIN_RADIUS2)+ROCK_MIN_RADIUS2;
for (int ii=0;ii<ind;ii++)
{hx1=center[ii][0];
 hy1=center[ii][1];
 hz1=center[ii][2];
 hr1=center[ii][3];
if ((Math.sqrt((hx-hx1)*(hx-hx1)+(hy-hy1)*(hy-hy1)+(hz-hz1)*(hz-hz1))<
hr+hr1)){judge=1;}}
if (judge>0){continue;}
if ((Math.sqrt(hx*hx+hy*hy)+hr)>S_RADIUS-RIND_THICKNESS){continue;}
if (((hz-hr)<RIND_THICKNESS)||((hz+hr)>S_HEIGHT-RIND_THICKNESS)){con-
tinue;}
center[ind][0]=hx;
center[ind][1]=hy;
center[ind][2]=hz;
center[ind][3]=hr;
ex=Math.round(hx*100)/100;
ey=Math.round(hy*100)/100;
ez=Math.round(hz*100)/100;
er1=(0.5+Math.random())*hr;
er2=(0.5+Math.random()*0.5)*hr;
er3=(0.5+Math.random()*0.5)*hr;
e_angel=Math.random()*90;
model.component("comp1").geom("geom1").create("eli1"+ind,"Ellipsoid");
model.component("comp1").geom("geom1").feature("eli1"+ind).set("pos",
new double []{ex,ey,ez});
model.component("comp1").geom("geom1").feature("eli1"+ind).set("semi-
axes",new double []{er1,er2,er3});
if (ind% 2==1){model.component("comp1").geom("geom1").feature("eli1"
+ind).set("axistype","y");}
else
{model.component("comp1").geom("geom1").feature("eli1"+ind).set("axis-
```

```
type","x");}
    model.component("comp1").geom("geom1").feature("eli1"+ind).set("rot",
e_angel);
model.component("comp1").geom("geom1").feature("eli1"+ind).set("contribu-
teto","csel1");
    ind++;}
    while (ind<NUMALL)
    {judge=0;
     hx=(2.0*Math.random()-1.0)*S_RADIUS;
     hy=(2.0*Math.random()-1.0)*S_RADIUS;
     hz=Math.random()*S_HEIGHT;
     hr=Math.random()*(ROCK_MAX_RADIUS3-ROCK_MIN_RADIUS3)+ROCK_MIN_RADIUS3;
    for (int ii=0;ii<ind;ii++)
    {hx1=center[ii][0];
     hy1=center[ii][1];
     hz1=center[ii][2];
     hr1=center[ii][3];
    if ((Math.sqrt((hx-hx1)*(hx-hx1)+(hy-hy1)*(hy-hy1)+(hz-hz1)*(hz-hz1))<
hr+hr1)){judge=1;}}
    if (judge>0){continue;}
    if ((Math.sqrt(hx*hx+hy*hy)+hr)>S_RADIUS-RIND_THICKNESS){continue;}
    if (((hz-hr)<RIND_THICKNESS)||((hz+hr)>S_HEIGHT-RIND_THICKNESS)){con-
tinue;}
    center[ind][0]=hx;
    center[ind][1]=hy;
    center[ind][2]=hz;
    center[ind][3]=hr;
    ex=Math.round(hx*100)/100;
    ey=Math.round(hy*100)/100;
    ez=Math.round(hz*100)/100;
    er1=(0.5+Math.random())*hr;
    er2=(0.5+Math.random()*0.5)*hr;
    er3=(0.5+Math.random()*0.5)*hr;
    e_angel=Math.random()*90;
    model.component("comp1").geom("geom1").create("eli1"+ind,"Ellipsoid");
    model.component("comp1").geom("geom1").feature("eli1"+ind).set("pos",
new double[]{ex,ey,ez});
    model.component("comp1").geom("geom1").feature("eli1"+ind).set("semi-
```

```
axes",new double []{er1,er2,er3});
    if (ind% 2==1){model.component("comp1").geom("geom1").feature("eli1"
+ind).set("axistype","y");}
    else
    {model.component("comp1").geom("geom1").feature("eli1"+ind).set("axis-
type","x");}
    model.component("comp1").geom("geom1").feature("eli1"+ind).set("rot",
e_angel);

model.component("comp1").geom("geom1").feature("eli1"+ind).set("contribu-
teto","csel1");
    ind++;}
    model.component("comp1").geom("geom1").create("cyl1","Cylinder");
    model.component("comp1").geom("geom1").feature("cyl1").set("r",S_RADI-
US);
    model.component("comp1").geom("geom1").feature("cyl1").set("h",S_
HEIGHT);
    model.component("comp1").geom("geom1").run("fin");
    model.component("comp1").geom("geom1").measure().selection().init(3);
    model.component("comp1").geom("geom1").measure().selection().all("fin
(1)");
    double volall=model.component("comp1").geom("geom1").measure().
getVolume();
    double volrock=volall-S_HEIGHT*3.1415926*S_RADIUS*S_RADIUS;
    double volsoil=volall-volrock;
    model.component("comp1").geom("geom1");
```

附录3　电阻率图像对比识别算法核心代码

```
import cv2
import os
import numpy as np
import matplotlib.pyplot as plt
def findContous(imag1):
    a=[]
    kernel=cv2.getStructuringElement(cv2.MORPH_RECT,(3,3))
```

```
        imGray=cv2.cvtColor(imag1,cv2.COLOR_BGR2GRAY)
        ret,ss=cv2.threshold(imGray,233,255,cv2.THRESH_BINARY)
                    dilated=cv2.dilate(ss,kernel)
        image,contours,hierarchy
cv2.findContours(dilated,cv2.RETR_TREE,cv2.CHAIN_APPROX_SIMPLE)
        for c in contours:
                                    x,y,w,h=cv2.boundingRect(c)
                                    if w*h>90000 and w*h<110000:
                                                    a.append(x)
                                                    a.append(y)
                                                    a.append(w)
                                                    a.append(h)
                                                    break
        return a
    def hsvDeal(a,imag1):
        im3=imag1[a[1]:a[1]+a[3],a[0]:a[0]+a[2]]
        hsvImage1=cv2.cvtColor(im3,cv2.COLOR_BGR2HSV)
        H,S,V=cv2.split(hsvImage1)
        H+=100
        aa=np.array(H,dtype=float)
        bb=np.array(V,dtype=float)
        mask1=np.where(aa<102,1,0)
        bb1=bb*mask1
        bb2=np.where(bb1>0,0.6875*bb1-95,0)
        mask2=np.where(aa>=102,aa,0)
        aa=mask2+bb2
        mask3=np.where(aa>216,1,0)
        bb11=bb*mask3
        bb12=np.where(bb11>0,216+(216-(bb11-30))*0.25,0)
        mask4=np.where(aa<=216,aa,0)
        aa=mask4+bb12
        hImg=np.array(aa,np.uint8)
        #cv2.imshow('daaaaa',hImg)
        #hImg-=int(np.average(hImg))
        return hImg
    def countMonent(a,hImg,imag1):
        k=float(a[3])/(a[2]/2)
        total=0
```

```
    total1=0
    M10=0
    M01=0
    xy=[]
    for i in range(a[3]):
        for j in range(int(i/k),int(a[2]-i/k),1):
        total+=hImg[i,j]
    average=2*total/(hImg.shape[0]*hImg.shape[1])
    #print(average)
    bb=np.array(hImg,dtype=float)
    bb-=190
    hImg1=np.array(np.where(bb<0,0,bb),np.uint8)
    for i in range(a[3]):
                    for j in range(int(i/k),int(a[2]-i/k),1):
                            total1+=hImg1[i,j]
    averageH=float(total1)/(hImg.shape[0]*hImg.shape[1])
    for i in range(a[3]):
                    he=0
                    for j in range(int(i/k),int(a[2]-i/k),1):
                    he+=hImg1[i,j]
                    M10+=j*hImg1[i,j]
                    M01+=he*i
    cx=float(M10)/total1
    cy=float(M01)/total1
    xReal=int(round(cx+a[0]))
    yReal=int(round(cy+a[1]))
    xy.append(xReal)
    xy.append(yReal)
            #cv2.imshow('sa',imag1)
    return averageH,xy
def countYdire(file1):
    xDir=[]
    xDa=[]
    xMaxinx=[]
    xMininx=[]
    xMaxV=[]
    xMinV=[]
    t1=np.arange(0,21,1)
```

```
        XYdir=[]
        averageH=[]
        for i in xrange(0,21,1):
                                  b=str(i)+'.jpg'
                                  im=cv2.imread(os.path.join(file1,b))
                                  contous=findContous(im)
                                  HImg=hsvDeal(contous,im)
                                  ave,X=countMonent(contous,HImg,im)
                                  averageH.append(ave)
                                  XYdir.append(X)
                                  xNor=float(X[0])/im.shape[1]
                                  xDir.append(xNor)
                        pos=np.where(averageH==np.max(averageH))
      return pos[0][0],XYdir[pos[0][0]]
  def posCom(img_list,xydir):
      n=0
      for i in img_list:
          jpg=str(n)+'.jpg'
          image=cv2.imread(i)
          cv2.rectangle(image,(0,0),(xydir[n][0],xydir[n][1]),(0,0,0),3)
          cv2.imwrite(os.path.join(newFile,jpg),image)
            n+=1
            #cv2.imshow('asasa',image)
            troublePic=[]
  XYdir=[]
  for i in xrange(0,7,1):
          index=str(i)
          index1=index+'/'
          file2=os.path.join(file1,index1)
          img,xydir=countYdire(file2)
          XYdir.append(xydir)
          c=str(img)+'.jpg'
          troublePic.append(os.path.join(file2,c))
          posCom(troublePic,XYdir)
```

参考文献

[1] 中华人民共和国水利部. 全国水利发展统计公报[M]. 北京：中国水利水电出版社，2017.

[2] Coggon, J. H.. Electromagnetic and electrical modeling by the finite element method[J]. Geophysics, 1971, 36(2), 132-151.

[3] Rijo L. Modeling of electric and electromagnetic data[D]. Utah: University of Utah, 1977.

[4] Kaikkonen P.. Numerieal VLF modeling[J]. GeoPhysical Prospecting, 1979, 27, 106-136.

[5] Pridmore D F, Hohmann G W, Ward S H, Sill W R. An investigation of finite-element modeling for eleetrical and electromagnetic data in three dimensions. [J]Geophysies, 1981, 46, 1009-1024.

[6] Shima H. Resistivity tomography: An approach to 2-Dresistivity inverse problems. [J]. Ann. internat. mtg. soc. expl. geophys. expanded Abstracts, 1987(1): 59-61.

[7] Dey A, Morrison H F. Resistivity dmodeling for arbitrarily shaped three-dimensional structures[J]. Geophysics, 1979, 44: 753-780.

[8] Dey A. Morrison H F. Resistivity modelling for arbitrarily shaped two-dimensional structures[J]. Geophysical Prospecting, 1979, 27(1): 106-136.

[9] Zhao S, Yedlin M J. Some refinements on the finite-difference method for 3-D dc resistivity modeling[J]. Geophysics, 1996, 61(5): 1301-1307.

[10] Mufti I R. Finite-difference resistivity modeling for arbitrarily shaped two-dimensional structures[J]. Geophysics, 1976, 41(1): 62-78.

[11] 朱伯芳. 有限单元法原理与应用[M]. 北京：中国水利水电出版社，1979.

[12] 李大潜. 有限元素法在电法测井中的应用[M]. 北京：石油工业出版社，1980.

[13] 罗延钟，张桂青. 电子计算机在电法勘探中的应用[M]. 武汉：武汉地质学院出版社，1987.

[14] 周熙襄. 电法勘探数值模拟技术[M]. 成都：四川科学技术出版社，1986.

[15] 徐世浙. 点源二维各向异性地电断面直流电场的有限元解法[J]. 山东海洋学院学报，1988，18(1)：81-90.

[16] 徐世浙. 地球物理中的有限单元法[M]. 北京：科学出版社，1994.

[17] 阮百尧，熊彬，徐世浙. 三维地电断面电阻率测深有限元数值模拟[J]. 地球科学，2001，26(1)：73-77.

[18] 阮百尧，熊彬. 电导率连续变化的三维电阻率测深有限元数值模拟[J]. 地球物理学报，2002，45：131-138.

[19] 黄俊革，阮百尧. 三维电阻率测深有限元正演模拟中的边界影响[J]. 石油地球物理勘探，2004(S1)：71-74+169.

[20] 黄俊革. 齐次边界条件下三维地电断面电阻率有限元数值模拟法[J]. 桂林工学院学报，2002，2(1)，11-14.

[21] 黄俊革，阮百尧，鲍光淑. 水下直流电阻率法数值模拟[J]. 物探化探计算技术，2004，26(2)：74-79.

[22] 黄俊革，王家林，阮百尧. 坑道直流电阻率法超前探测研究[J]. 地球物理学报，2006，(05)：1529-1538.

[23] 黄俊革. 三维电阻率/激化率有限单儿正演模拟与反演成像[D]. 长沙：中南大学，2003.

[24] Holeombe H T, Jiracck G R. Three-dimensional terrain correction in resistivity surveys[J]. Geophysies, 1984, 49(4): 436-452.

[25] Oppliger G L. Three-dimensional terrain corrections for misealamasse and magnetometric resistivity surveys[J]. Geophysies, 1984, 49(4): 1718-1729.

[26] Spitzer K. A 3-D finite-difference algorithm for DC resistivity modeling using conjugate methods[J].

Geophysical Journal International,1995,23(1):903-914.

[27] 吴小平,汪彤彤.利用共轭梯度算法的电阻率三维有限元正演[J].地球物理学报,2003(03):428-432.

[28] Li Y,Spitzer K. Three-dimensional DC resistivity forward modeling using finite elements in comparison with finite-difference solutions[J]. Geophysical Journal International,2002,151(3):924-934.

[29] 刘斌,李术才,李树忱,聂利超.基于预条件共轭梯度法的直流电阻率三维有限元正演研究[J].岩土工程学报,2010,32(12):1846-1853.

[30] Pelton W H,Rijo L,Switf J. r,C. M.. Inversion of two-dimensional resistivity and induced-Polarization data[J]. Geophysics,1978. 43:788-803.

[31] Petrick W R,J. R,SillW. R. ,Wadr S H. Three dimensional resistivity inversion using alpha centers[J]. Geophysics,1981,46:1148-1163.

[32] Park S K,Van Cz P. Inversions of Pole-Pole data of 3-D resistivity structure beneath arrays of electrodes[J]. GeoPhysies. 1991,56:951-960.

[33] Dominika Stan,Iwona Stan-Kłeczek. Application of electrical resistivity tomography to map lithological differences and subsurface structures(Eastern Sudetes,Czech Republic)[J]. Geomorphology,2014,36(4):221-229.

[34] Dominika Stan,Iwona Stan-Kłeczek,Maciej Kania. Geophysical approach to the study of a periglacial blockfield in a mountain area(Ztracené kameny,Eastern Sudetes,Czech Republic)[J]. Geomorphology,2016,32(9):187-194.

[35] Marek Kasprzak,Mateusz C. Strzelecki,Andrzej Traczyk,Marta Kondracka,Michael Lim,Krzysztof Migała. On the potential for a bottom active layer below coastal permafrost:the impact of seawater on permafrost degradation imaged by electrical resistivity tomography(Hornsund,SW Spitsbergen)[J]. Geomorphology,2016,32(9):212-219.

[36] Sebastian Uhlemann,Oliver Kuras,Laura A. Richards,Emma Naden,David A. Polya. Electrical resistivity tomography determines the spatial distribution of clay layer thickness and aquifer vulnerability, Kandal Province,Cambodia[J]. Journal of Asian Earth Sciences,2017,36(9):147-155.

[37] R. deFraneo,G. Biella,L. Tosi,P. Teatini,A. Lozej,B. Chiozzottoe,M. Giadae,F. Rizzettob,C. Claude, A. Mayer,V. Bassan,G. GasParetto-Stori. Monitoring the saltwater intrusion by time lapse eleetrieal resistivity tomography:The Chioggia test site(Venice Lagoon,ltaly)[J]. Journal of APPlied GeoPhysies,2009,69(9):117-130.

[38] 余金煌,陶月赞.高密度电法探测水下抛石体正反演模拟研究[J].合肥工业大学学报(自然科学版),2014,37(3):333-337.

[39] 徐顺强,孙印,李建朝,张建军,王唯俊.填海地基电阻率成像正反演模拟及在工程中的应用[J].工程勘察,2013,26(4):83-87.

[40] 刘斌,聂利超,李术才,李利平,宋杰,刘征宇.隧道突水灾害电阻率层析成像法实时监测数值模拟与试验研究[J].岩土工程学报,2012,34(11):2026-2035.

[41] 屠毓敏,刘国华,王振宇,李富强.龙凤山水库土石坝电阻率层析成像无损检测技术[J].岩土力学,2008,29(6):1597-1601.

[42] 张刚.电阻率法层析成像研究及其应用[D].北京:中国地质大学(北京),2015.

[43] 王朋.二维电阻率层析成像技术在土石坝渗漏诊断中的应用[D].重庆:重庆交通大学硕士学位论文,2009.

[44] 宋先海,颜钟,王京涛.高密度电法在大幕山水库渗漏隐患探测中的应用[J].人民长江,2012,43(3):

47-51.

[45] 王兵，陆新，周培岳. 密度电阻率法在病坝水库探测中的应用[J]. 四川建筑，2007，27(6)：111-113.

[46] Lin C P, Hung Y C, Yu Z H, et al. Investigation of abnormal seepages in an earth dam using resistivity tomography[J]. Journal of GeoEngineering, 2013, 8(2): 61-70.

[47] 蔡克俭，殷亚斌，廖智，丁月双. 基于电阻率成像技术的基坑渗漏探测方法[J]. 物探化探计算技术，2017，39(6)：736-741.

[48] 蔡克俭，吴宇豪，黎蕾蕾，廖智，张耀镭，徐磊. 电阻率成像法在深基坑渗漏探测中的应用[J]. 工程地球物理学报，2018，15(4)：519-524.

[49] 周月玲，尤惠川，温超，王燕. 电阻率成像及浅层地震勘探在控盆构造探测中的应用——以万全断裂为例[J]. 地震地磁观测与研究，2018，39(2)：62-69.

[50] ARCHIE G E. The electric resistivity log as an aid in determining some reservoir characteristics[J]. Transactions of the American Institute of Mining an d Metallurgical Engineers, 1942, 146(4): 54-61.

[51] Waxman, M. H., Smits, L., J., M.. Electrical conductivity in oil-beating shaly sand[J]. Society of Petroleum Engineers Journal, 1968, 65(6), 1577-1584.

[52] Mitchell J K. Fundamentals of Soil Behavior[M]. NewYork: Wiley&Sons, 1993.

[53] LIU S Y, YU X J. The electrical resistivity characeteristies of the cemented soil[C]// Procedings of the 2nd International Symposium on Lowland Technology, 2000: 185-190.

[54] G. L Yoon, and J. B. Park. Sensitivity of leachate and fine contents on electrical resistivity variations of sandy soils[J]. Jourhal of Hazardous Materials, 2001, 84(7): 147-161.

[55] ELLAN J, DELANEY P, PEAPPLES R. Electrical resistivity of frozen and petroleum-contaminated-fine-grained soil[J]. Cold Region Science and Technology, 2001, 32(4): 107-119.

[56] 杨为民，宋杰，刘斌，李术才，许新骥，刘征宇，聂利超. 饱水过程中类岩石材料波速和电阻率变化规律及其相互关系试验研究[J]. 岩石力学与工程学报，2015，34(4)：703-711.

[57] 周启友，杭悦宇，刘汉乐，戴水汉，徐建平. 饱水和排水过程中岩石电阻率各向异性特征的电阻率成像法研究[J]. 地球物理学报，2009，52(1)：281-288.

[58] 孙树林，李方，谌军. 掺石灰黏土电阻率试验研究[J]. 岩土力学，2010，31(1)：51-55.

[59] 付伟，汪稔，胡明鉴，向焱红. 不同温度下冻土单轴抗压强度与电阻率关系研究[J]. 岩土力学，2009，30(1)：73-78.

[60] 付伟，汪稔. 饱和粉质黏土反复冻融电阻率及变形特性试验研究[J]. 岩土力学，2010，31(3)：769-774.

[61] 查甫生，刘松玉，杜延军，崔可锐. 非饱和黏性土的电阻率特性及其试验研究[J]. 岩土力学，2007，28(8)：1671-1676.

[62] 查甫生，刘松玉，杜延军. 电阻率法在地基处理工程中的应用探讨[J]. 工程地质学报，2006，14(5)，637-643.

[63] 查甫生，刘松玉，杜延军，等. 黄土湿陷过程中微结构变化规律的电阻率法定量分析[J]. 岩土力学，2010，31(6)，1692-1698.

[64] 查甫生，刘松玉，杜延军. 击实膨胀土的电阻率特性试验研究[J]. 公路交通科技，2007，24(2)：28-32.

[65] 查甫生，刘松玉，杜延军，等. 基于电阻率法的膨胀土吸水膨胀过程中结构变化定量研究[J]. 岩土工程学报，2008，30(12)：1832-1839.

[66] 刘松玉，韩立华，杜延军. 水泥土的电阻率特性与应用探讨[J]. 岩土工程学报，2006，28(11)：1921-1926.

[67] 刘松玉，查甫生，于小军. 土的电阻率室内测试技术研究[J]. 工程地质学报，2006，14(2)：216-222.

[68] 储旭,刘斯宏,王柳江,徐伟,汪俊波.电渗法中含水率和电势梯度对土体电阻率的影响[J].河海大学学报(自然科学版),2010,38(5):575-579.
[69] 汪魁.多相土石复合介质电阻率特性理论及应用研究[D].重庆:重庆交通大学,2013.
[70] 汪魁,赵明阶.土石复合介质电阻率特性理论及应用研究[J].重庆交通大学学报(自然科学版),2014,33(2):90-94+99.
[71] 汪魁,赵明阶,余东.土石复合介质电阻率结构模型及影响因素分析[J].水利与建筑工程学报,2013,11(3):15-18+27.
[72] 刘洋.基于波电场成像的陆域填方压实质量评价方法研究及应用[D].重庆:重庆交通大学,2012.
[73] 赵明阶,李庚,黄卫东,李健.多相土石复合介质电阻率特性的试验研究[J].重庆交通大学学报(自然科学版),2010,29(6):928-933.
[74] 李赓.多相土石复合介质电阻率特性试验研究[D].重庆:重庆交通大学,2008.
[75] 王日升,赵明阶,王日强.土石复合介质电阻率变化特性研究[J].建筑材料学报,2019,22(01):94-100.
[76] 王日升,赵明阶.多相土石复合介质推剪破坏响应特征试验研究[J].水电能源科学,2018,36(9):130-133.
[77] 柴军瑞,仵彦卿.均质土坝渗流场与应力场耦合分析的数学模型[J].陕西水力发电,1997,36(3):4-7.
[78] 王开拓,谢利云,刘辉.库水位降落作用下均质土石坝渗流场及坝坡稳定性分析[J].水电能源科学,2018,36(8):81-84+51.
[79] Aniskin N A,Rasskazov L N,Yadgorov E Kh. Seepage and pore pressure in the core of a earth-and-rockfill dam[J]. Power Technology and Enginneering,2016,50(4):378-384.
[80] Panthulu T V,Krishnaiah C,Shirke J M. Detection of Seepage paths in earth Dams using self-potential and electrical resistivity methods[J]. Enginneering Geology,2001,59(4):281-295.
[81] 张乾飞.复杂渗流场演变规律及转异特征研究[D].南京:河海大学,2002.
[82] 卜亚辉.多孔介质中流动产生的电场与渗流场的耦合效应研究[D].青岛:中国石油大学(华东),2014.
[83] 张阳茁.土石坝渗流场与应力场耦合及边坡稳定分析[D].西安:西安理工大学,2017.
[84] C. S. Desai,G. C. Li. A residual flow procedure and application for free surface flow in porous media[J]. Advances in Water Resources,1983,6(1):27-35.
[85] Hong Z,De-fu L,Lee C F,et al. A new variational inequality formulation for seepage problems with free surfaces[J]. Applied Mathematics and Mechanics,2005,26(3):396-406.
[86] Zheng H,Liu D F,Lee C F,et al. A new formulation of Signorini's type for seepage problems with free surfaces[J]. International Journal for Numerical Methods in Engineering,2005,64(1):1-16.
[87] 梁业国,熊文林,周创兵.有自由面渗流分析的子单元法[J].水利学报,1997,8(4):35-39.
[88] 朱军,刘光廷.改进的单元渗透矩阵调整法求解无压渗流场[J].水利学报,2001,8(8):49-52.
[89] 陈益峰,卢礼顺,周创兵,戴跃华. Signorini 型变分不等式方法在实际工程渗流问题中的应用[J].岩土力学,2007,28(9):178-182.
[90] 侯晓萍,徐青,陈胜宏.用空气单元法求解渗流场的逸出边界问题[J].岩土力学,2015,36(8):2345-2351.
[91] 庞林.比例边界多边形方法的研究及其在大坝静动力响应分析中的应用[D].大连:大连理工大学,2017.
[92] 柴军瑞.坝基非达西渗流分析[J].水电能源科学,2001,24(4):1-3.

[93] 柴军瑞. 地下水非达西渗流分析[J]. 勘察科学技术，2002，36(1)：25-27.
[94] 王成华，殷忠平，李军. 堤坝 Forchheimei 型非达西渗流场特性分析[J]. 河北工程大学学报(自然科学版)，2015，32(03)：66-69.
[95] 许玉景，孙克俐，黄福才. ANSYS 软件在土坝渗流稳定计算中的应用[J]. 水力发电，2003，27(4)：69-71.
[96] Rupp L，Niekamp O，Gebler T. Modeling seepage flow at gravity dams on the example of Schwarza-Dam[J]. WasserWirtschaft-Hydrologie，Wasserbau，Hydromechanik，Gewässer，Ökologie，Boden，2013，103(3)：30-33.
[97] 李丹，黄铭，杨运宝，蔚清. 基于 Ansys 的海堤渗流分析[J]. 工程与建设，2013，27(2)：149-151.
[98] 李聪磊，黄铭. 潮汐影响下的海堤渗流场-应力场耦合分析[J]. 人民黄河，2015，37(8)：39-42+47.
[99] 方仲将. 渗流-管涌数值分析模型与土石坝溃坝机理分析研究[D]. 杭州：浙江大学，2008.
[100] Wang Y，Liu X，Zhang Z，et al. Analysis on slope stability considering seepage effect on effective stress[J]. KSCE Journal of Civil Engineering，2016，20(6)：2235-2242.
[101] Tan G，Chen Y. Experimental study of cohesive sediment consolidation and its effect on seepage from dam foundations[J]. International Journal of Sediment Research，2016，31(1)：53-60.
[102] 王瑞，沈振中，陈孝兵. 基于 COMSOL Multiphysics 的高拱坝渗流-应力全耦合分析[J]. 岩石力学与工程学报，2013，32(2)：3197-3204.
[103] 徐轶，徐青. 基于 COMSOL Multiphysics 的渗流有限元分析[J]. 武汉大学学报(工学版)，2014，47(2)：165-170.
[104] 叶永，许晓波，牟玉池. 基于 COMSOL Multiphysics 的重力坝渗流场与应力场耦合分析[J]. 水利水电技术，2017，48(3)：7-11.
[105] Jiao Huiqing，Sheng Yu，Zhao Chengyi，et al. Modeling of multiple ions coupling transport for salinized soil in oasis based on COMSOL[J]. Transactions of the Chinese Society of Agricultural Engineering(Transactions of the CSAE)，2018，34(15)：100-107.
[106] Seo HY，Shim IB. Magnetocapacitance of magnetically strained multilayered thin films[J]. Journal Of Magnetism And Magnetic Materials，2019，481：136-139.
[107] Sprocati R，Masi M，Muniruzzaman M，et al. Modeling electrokinetic transport a d biogeochemical reactions in porous media：A multidimensional Nernst-Planck-Poisson approach with PHREEQC coupling[J]. Advances In Water Resources，2019，127：134-147.
[108] Hadavinia H，Singh H. Modelling and experimental analysis of low concentrating solar panels for use in building integrated and applied photovoltaic(BIPV/BAPV) systems[J]. Renewable Energy，2019，139：815-829.
[109] 赵明阶，徐容，王俊杰，王朋. 电阻率成像技术在土石坝渗漏诊断中的应用[J]. 重庆交通大学学报(自然科学版)，2009，28(6)：1097-1101.
[110] Wang K，Liu J，Zou Y，et al. Three-Dimensional Wave-Field Characteristics of Earth-Rock Dams with Different Hidden Hazards[J]. Advances in Civil Engineering，2018，2018：1-10.
[111] Zhao M，Wang H，Sun X，et al. Comparison between the isotope tracking method and resistivity tomography of earth rock-fill dam seepage detection[J]. Engineering，2011，3(04)：389-399.
[112] 赵明阶，余东，赵火炎. 土石坝渗漏的波速-电阻率联合成像诊断试验研究[J]. 水利学报，2012，43(1)：118-126.
[113] 赵明阶，汪魁，余东等. 土石坝渗漏的波电耦合成像诊断技术研究(国家自然科学基金项目

No. 50779081)[R]. 重庆交通大学研究报告,2016.

[114] Kui Wang, Mingjie Zhao. Theory and Experiment of Resistivity Tomography Diagnosis of the Diseased Earth-rock Dam Model Electronic[J]. Journal of Geotechnical Engineering, 2014, 17929-17938.

[115] Su H, Cui S, Wen Z, et al. Experimental study on distributed optical fiber heated-based seepage behavior identification in hydraulic engineering[J]. Heat and Mass Transfer, 2019, 55(2): 421-432.

[116] Li D Y, Xiong J, Wang H. Study on the seepage monitoring theory with temperature in embankment dam[C]//Proc. Monographs Eng., Water Earth Sci., Int. Symp. Dams Soc. 21st Century. 2006: 527-532.

[117] Yousefi S, Ghiassi R, Noorzad A, et al. Application of temperature simulation for seepage inspection in earth-fill dams[J]. Građevinar, 2013, 65(09): 825-832.

[118] Xiao H, Huang J. Experimental study of the applications of fiber optic distributed temperature sensors in detecting seepage in soils[J]. Geotechnical Testing Journal, 2013, 36(3): 360-368.

[119] 赵明阶,汪魁,张欣等.基于三维波电场耦合全息成像的堤坝隐患诊断技术研究(国家自然科学基金项目 No. 51279219)[R]. 重庆交通大学研究报告,2016.

[120] 张欣.含隐患土石堤坝三维电场特征分析及成像识别技术研究[D].重庆:重庆交通大学,2017.

[121] 欧元超.土石坝水库渗漏并行电法探查工程应用研究[D].淮南:安徽理工大学,2017.

[122] 王日升,赵明阶,李居铜.土石坝渗漏通道电场分布规律研究[J].水利与建筑工程学报,2019,17(1): 137-142.

[123] 李树枫.土石坝老化病害评价指标体系及对策研究[D].北京:中国农业大学,2005.

[124] 黄胜方.土石坝老化病害防治与溃坝分析研究[D].合肥:合肥工业大学,2007.

[125] 杨保华.堆浸体系中散体孔隙演化机理与渗流规律研究[D].长沙:中南大学,2010.

[126] 谭江.堤坝管涌集中渗流通道形成机理及数值模拟[D].西安:西安理工大学,2007.

[127] 阎宗岭.堆石体物理力学特性及其工程应用研究[D].重庆:重庆大学,2003.

[128] 栾艳.土石坝渗透规律与渗漏机理研究[D].重庆:重庆交通大学,2009.

[129] 付良魁.电法勘探教程[M].北京:地质出版社,1983.

[130] 李金铭.地电场与电法勘探[M].北京:地质出版社,2005.

[131] 刘国兴.电法勘探原理与方法[M].北京:地质出版社,2015.

[132] 程志平.电法勘探教程[M].北京:冶金工业出版社,2007.

[133] 程庆云.电法勘探[M].北京:中国工业出版社,1965.

[134] 吴小平,徐果明,李时灿.利用不完全 Cholesky 共轭梯度法求解点源三维地电场[J].地球物理学报, 1998,36(6):848-855.

[135] 吴小平,徐果明.不完全 Cholesky 共轭梯度法及其在地电场计算中的应用[J].石油地球物理勘探, 1998,36(1):89-94+138.

[136] 吴小平,徐果明,李时灿.解大型稀疏方程组的 ICCG 方法及其计算机实现[J].煤田地质与勘探, 1999,36(6):54-56.

[137] 李智明.三维电阻率层析成像研究及应用[D].北京:中国地震局地球物理所,2003.

[138] DL/T5355-2006 水利水电工程土工试验规程[S].

[139] JTG E51-2009 公路工程无机结合料稳定材料试验规程[S].

[140] 朱俊高,李翔,徐佳成,邓刚.粗粒土浸水饱和时间试验研究[J].重庆交通大学学报(自然科学版), 2016,35(1):85-89.

[141] 于小军.电阻率结构模型理论的土力学应用研究[D].南京:东南大学,2004.

[142] 袁聚云,钱建固,张宏鸣,等.土质学与土力学[M].第4版.北京:人民交通出版社,2014.
[143] Arichie GE. The Electrical Resistivity Log as an Aid in determining Some Reservoir Characteristics [J]. Transaction of American Institute of Mining Engineers,1942,146(4):54-62.
[144] SAVA D,HARDAGE B A. Rock physics characterization of hydrate-bearing deepwater sediments[J]. The Leading Edge,2006,25(5):616-619.
[145] 王俊杰,陈亮,梁越.地下水渗流力学[M].北京:水利水电出版社,2013.
[146] Richards,L. A. Capillary conduction of liquids through porous mediums[J]. Physics,1931,15(1): 318-333.
[147] AliA. Nowroozi,StephenB. Horroeks,Peter Henderson. Saltwater intrusion into the fresh water aquifer in the eastern shore of Virginia:a reconnaissance electrical resistivity survey[J]. Journal of Applied Geophysics,1999,42(4):1-22.
[148] 苑莲菊,李振栓,武胜忠等.工程渗流力学及应用[M].北京:中国建筑工业出版社,2001.
[149] 李彦冬.基于卷积神经网络的计算机视觉关键技术研究[D].成都:电子科技大学,2017.
[150] 周斌,唐帅涛,吴淼,程琳,李瑞君.红枣典型瑕疵图像识别算法与程序设计[J].合肥工业大学学报(自然科学版),2018,41(7):895-899.
[151] 易琼.基于场景约束的数字图像合成取证研究[D].长沙:湖南大学,2017.
[152] 单玉泽.基于特征融合与在线学习的行人检测算法研究与实现[D].南京:南京邮电大学,2016.
[153] 高明飞.用于嵌入式车载安全预警的交通标志检测若干关键技术研究与验证[D].杭州:浙江大学硕士学位论文,2018.
[154] 王日升,赵明阶.可压缩骨架土石坝渗流场与应力场耦合分析[J].重庆交通大学学报(自然科学版),2017,36(9):61-65.